儿研所主任医师教你
0~3岁育儿经

吴光驰
主 编

／ 首都儿科研究所保健科主任医师
首都儿科研究所儿童营养研究室主任
中国优生科学协会理事

U0353113

吉林科学技术出版社

图书在版编目（ＣＩＰ）数据

儿研所主任医师教你 0 ～ 3 岁育儿经 ／ 吴光驰主编 .
-- 长春：吉林科学技术出版社，2018.1
ISBN 978-7-5578-3415-9

Ⅰ．①儿… Ⅱ．①吴… Ⅲ．①婴幼儿－哺育－基本知识
Ⅳ．① TS976.31

中国版本图书馆 CIP 数据核字（2017）第 266197 号

儿研所主任医师教你 0～3岁育儿经

ER-YANSUO ZHUREN YISHI JIAONI 0～3 SUI YU'ER JING

主　　编　吴光驰
出 版 人　李 梁
责任编辑　孟 波 高千卉
封面设计　杨 丹
制　　版　悦然文化
开　　本　710 mm × 1000 mm　1/16
字　　数　460千字
印　　张　25
印　　数　1－7 000册
版　　次　2018年1月第1版
印　　次　2018年1月第1次印刷
出　　版　吉林科学技术出版社
发　　行　吉林科学技术出版社
地　　址　长春市人民大街4646号
邮　　编　130021
发行部电话/传真　0431-85635176　85651759　85652585
　　　　　　　　　　　85635177　85651628
储运部电话　0431-86059116
编辑部电话　0431-85635186
网　　址　www.jlstp.net
印　　刷　长春百花彩印有限公司
书　　号　ISBN 978-7-5578-3415-9
定　　价　59.80元
如有印装质量问题可寄出版社调换

每一个宝宝的长大，
都是一次西天取经

随着每个天使宝贝来到人间，宝贝和父母都将开启一个新的生命旅程。爸爸妈妈多想给这个胖乎乎、粉嘟嘟、天真可爱的小宝宝全世界最完美的爱，可现实状况往往是，宝宝莫名地哭闹不止，吐奶、尿尿、拉便便轮番上演，新手爸妈恨不得变出三头六臂。等到宝宝大一点，却变成了时下所说的熊孩子，淘气执拗。

到底应该如何应对育儿过程中遇到的种种问题呢？作为一个从医近60年的老医生，我非常理解父母们面对育儿的焦虑。每一个宝宝的长大，都是一次"西天取经"的过程。取经路上，有宝宝，更有父母，一路小心，一路打怪。我接触到的事例越多，越萌生了要出本育儿书的愿望，希望能用自己的专业知识和实践体悟，帮助更多的爸爸妈妈解决育儿问题，让宝宝和家长在取经路上能轻松从容一点。现在，这本《儿研所主任医师教你0~3岁育儿经》出版了，心里倍感欣慰。

在培育宝宝方面，两点原则很重要：

1. 读懂宝宝的需求。每个宝宝都有自己的成长特点和成长轨迹，家长要做的，就是当好倾听者、引导者、看护者。比如宝宝的哭声，能表达多种意思。健康性啼哭、饥饿性啼哭、过饱性啼哭、口渴性啼哭、尿湿性啼哭、寒冷性啼哭、燥热性啼哭、困倦性啼哭，每种啼哭的节奏、声音高低都是不同的、有迹可寻的。读懂了这些信号，就能有效帮助到宝宝。

2. 懂得科学的育儿知识。每个阶段，宝宝成长状况如何？怎样科学喂养，让宝宝长大个？怎样少生病？怎样玩对玩好玩聪明？对这些问题都要有科学的认知和科学的应对。

江山代有才人出，育儿自古就是一个人人关心的大事。拳拳爱子心，殷殷父母情。希望这本书能解决家长们在育儿中的各种烦恼，祝愿宝宝们开心健康成长。

叮咚！
爸爸妈妈，我来啦

第1个月 天使宝贝来到人间

宝宝成长档案 30
育儿要点提醒 31
膳食营养补给站 32
❀ 本月宝宝营养需求 32
❀ 最宝贵的初乳 32
❀ 母乳喂养，好处多多 32
❀ 母乳的分类及营养特点 34
❀ 母乳不足的判断 34
❀ 增加母乳的方法 34
❀ 催乳食材推荐 35
❀ 哪些情况妈妈不能喂母乳 36
❀ 开奶前不用给宝宝喂代乳品 36
❀ 配方奶粉是宝宝的候补营养源 36
❀ 奶粉喂养宝宝食量计算 37
❀ 如何选择配方奶粉 37
潮妈育儿新招 宝宝安全奶瓶
　　——破碎后玻璃碴不伤人 38
❀ 怎样调配奶的浓度 38
❀ 按需哺乳 38
❀ 喂母乳的正确姿势 38
新妈妈催乳食谱 40
花生炖猪蹄 健胸丰乳 40
丝瓜炖排骨 使乳汁分泌通畅 41

科学护理指南 42
❀ 新生儿肚脐的处理 42
❀ 正确清洗宝宝的头垢 42
❀ 给宝宝穿衣服的小窍门 43
奶爸育儿经 用玩具逗引宝宝 43
❀ 新生儿生殖器官的保护与清洁 44
❀ 正确理解宝宝的溢乳 45
宝宝婴语解密 哭 45
❀ 宝宝尿片选择的大学问 46
❀ 纸尿裤的选择 46
❀ 换尿布的方法 47
家庭医生 48
❀ 生理性黄疸与病理性黄疸的区别 48
❀ 女婴阴道流血 48
❀ 生理性体重下降 48
❀ 螳螂嘴和板牙 49
宝宝智力加油站 50
盘盘小·腿 大动作能力 50
小·手握握 精细动作能力 51
拉长发音 语言能力 52
宝宝能力测评 53
育儿疑问专家连线 54

第2个月 吃吃睡睡玩玩真幸福

宝宝成长档案 56
育儿要点提醒 57
膳食营养补给站 58
❀ 本月宝宝营养需求 58
❀ 母乳仍是宝宝的最佳食品 58
❀ 宝宝拒绝吃奶应及时就医 58
❀ 母乳不足要添加配方奶粉 59
潮妈育儿新招 硅胶乳头保护贴
　　——防咬伤、防皲裂 59
新妈妈催乳食谱 60
小米红糖粥 补血，下乳 60
青椒牛肉片 补充优质蛋白质 61
科学护理指南 62
❀ 认识宝宝的囟门 62
❀ 一吃就拉应对方法 63
❀ 带宝宝进行室外空气浴 63
❀ 及时关注宝宝的尿便 64
❀ 呵护宝宝的小屁屁 64
奶爸育儿经 伸手抓 64
❀ 宝宝安睡小良方 65
宝宝婴语解密 怕水 65
家庭医生 66
❀ 宝宝夜啼不止 66
❀ 奶痂 66
❀ 红臀 66
宝宝智力加油站 68
踢彩球 大动作能力 68
十指游戏 精细动作能力 69
宝宝，我是妈妈 语言能力 70
宝宝能力测评 71
育儿疑问专家连线 72

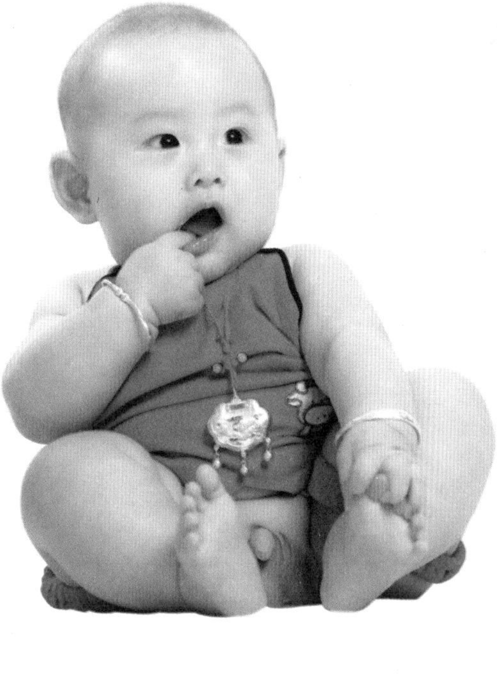

第3个月 快围观呀，宝宝要表演翻身喽

宝宝成长档案 74

育儿要点提醒 75

膳食营养补给站 76

❀ 本月宝宝营养需求 76

❀ 绝大多数宝宝知道饱饿 76

❀ 适时给宝宝喂奶 76

❀ 对不爱吃奶的宝宝要缩短喂奶时间 76

❀ 职场妈妈要科学储奶 77

❀ 给宝宝喂挤出来的母乳的注意事项 77

新妈妈催乳食谱 78

清炖鲫鱼 催乳，补钙 78

银耳木瓜排骨汤 使乳汁分泌通畅 79

科学护理指南 80

❀ 养成规律的生活习惯 80

潮妈育儿新招 宝宝体温计
——可测耳温、额温 80

❀ 宝宝哭声的学问 81

❀ 喜欢抱着睡的宝宝巧应对 82

奶爸育儿经 认识事物 82

❀ 尿布疹应对策略 83

宝宝婴语解密 流口水 83

家庭医生 84

❀ 宝宝湿疹预防及应对 84

❀ 特殊胎记早发现 85

❀ 宝宝便秘怎么办 85

宝宝智力加油站 86

翻身训练 大动作能力 86

触碰玩具 精细动作能力 87

找妈妈 认知能力 88

宝宝能力测评 89

育儿疑问专家连线 90

第4个月　爱我就多抱抱我

宝宝成长档案	92
育儿要点提醒	93
膳食营养补给站	94
✿ 本月宝宝营养需求	94
✿ 母乳仍是宝宝营养的主要来源	94
✿ 宝宝的吃奶次数和吃奶量巧安排	94
✿ 添加配方奶粉困难怎么办	94
✿ 宝宝补铁很重要	95
✿ 及时给宝宝喂水	95
新妈妈催乳食谱	96
明虾炖豆腐　滑肤，下乳	96
腔骨菠菜汤　促进乳汁分泌	97
科学护理指南	98
✿ 宝宝睡觉最好不要开灯	98

宝宝婴语解密　打呼噜	98
✿ 别让宝宝睡偏了头	99
奶爸育儿经　挠痒痒	99
家庭医生	100
✿ 药物使用方法	100
✿ 宝宝打嗝莫惊慌	101
✿ 生理性腹泻	101
宝宝智力加油站	102
前臂支撑　大动作能力	102
抓握玩具　精细动作能力	103
红彤彤的苹果远了　空间感知能力	104
宝宝能力测评	105
育儿疑问专家连线	106

第5个月　小可爱开始怕生

宝宝成长档案　108

育儿要点提醒　109

膳食营养补给站　110

✿ 本月宝宝营养需求　110

✿ 喂辅食的最佳时间　110

✿ 按需喂养宝宝　110

✿ 添加辅食的三大原则　111

奶爸育儿经　拉起　111

宝宝营养食谱　112

米粉　滋养脾胃　112

苹果汁　缓解便秘，抗过敏　113

科学护理指南　114

✿ 小围嘴大用处　114

✿ 宝宝汗多的护理　114

✿ 创造一个充满动人声音的环境　115

潮妈育儿新招　硅胶沐浴擦
　　——可按摩　115

✿ 保护宝宝视力要注意四大方面　116

✿ 妈妈外出不宜超过两小时　117

✿ 最好不要干涉宝宝独自玩耍　117

宝宝婴语解密　伤心　117

家庭医生　118

✿ 婴儿过敏的表现　118

✿ 宝宝常见的食物过敏　118

✿ 宝宝皮肤过敏表现　118

✿ 宝宝胃肠系统的过敏表现　119

✿ 反复咳嗽也可能是过敏　119

宝宝智力加油站　120

沉沉浮浮抓玩具　精细动作能力　120

点名游戏　语言能力　121

"乘电梯"　社交能力　122

宝宝能力测评　123

育儿疑问专家连线　124

第6个月 宝宝会坐了，感觉整个世界都亮起来

宝宝成长档案 126
育儿要点提醒 127
膳食营养补给站 128
❀ 本月宝宝营养需求 128
❀ 注意更换辅食的种类 128
❀ 母乳或配方奶粉＋辅食 128
❀ 轻轻松松让宝宝爱上辅食 129
宝宝营养食谱 130
南瓜汁　解毒杀虫 130
饼干粥　补充糖类 131
科学护理指南 132
❀ 长牙喽 132
❀ 宝宝充足睡眠的重要性 133
❀ 宝宝怕生的秘密 133
奶爸育儿经　互动"吹喇叭" 133
❀ 外出注意安全 134
❀ 宝宝究竟需不需要穿鞋 135
宝宝婴语解密　独坐 135

家庭医生 136
❀ 缺铁性贫血 136
❀ 流感的巧护理 137
宝宝智力加油站 138
练习蛤蟆坐　大动作能力 138
给宝宝读故事　语言能力 139
左手爸爸右手妈妈　知觉能力 140
宝宝能力测评 141
育儿疑问专家连线 142
6个月宝宝能力图解 144

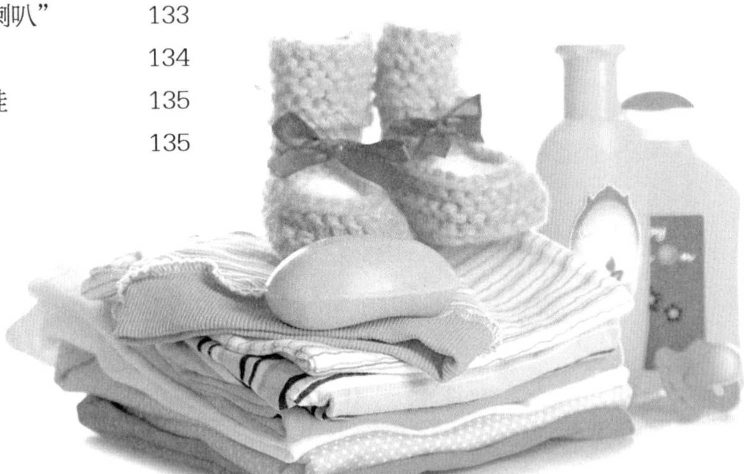

第**7**个月　就爱黏妈妈

宝宝成长档案　146
育儿要点提醒　147
膳食营养补给站　148
❀ 本月宝宝营养需求　148
❀ 辅食的营养应多元化　148
❀ 宝宝辅食制作　149
潮妈育儿新招　防碎屑围嘴
　　——兜住从宝宝嘴里漏下的食物　149
宝宝营养食谱　150
红薯泥　宽肠胃，防便秘　150
蛋黄土豆泥　增强免疫功能　151
科学护理指南　152
❀ 三大方法帮助宝宝克服怕生　152
奶爸育儿经　宝宝最需要的是快乐　152
❀ 生活中注意宝宝安全　153
❀ 乳牙也要清洁　154
❀ 家庭常备小药箱　154
宝宝婴语解密　枕秃　155
家庭医生　156
❀ 口腔中的鹅口疮　156
❀ 宝宝常见腹痛症　156
❀ 宝宝肺炎的识别和患肺炎时的照护　156

❀ 手足口病的早期发现和护理　157
宝宝智力加油站　158
学爬行　大动作能力　158
敲敲打打　精细动作能力　159
丁零零，电话来了　语言能力　160
宝宝能力测评　161
育儿疑问专家连线　162

第8个月　各种爬行秀

宝宝成长档案　164

育儿要点提醒　165

膳食营养补给站　166

✿ 本月宝宝营养需求　166

✿ 不应断掉母乳　166

✿ 奶和辅食巧安排　166

✿ 宝宝应少量多餐　166

✿ 适量喂食宝宝，谨防宝宝肥胖　167

宝宝婴语解密　不爱吃新食物　167

宝宝营养食谱　168

鸭肝肉泥　补肝明目，预防缺铁性贫血 168

水果杏仁豆腐丁　消暑解热　169

科学护理指南　170

✿ 宝宝着装应考虑的问题　170

✿ 顽固性便秘的应对策略　170

✿ 布置家庭运动场　171

✿ 从宝宝的睡相看健康　172

奶爸育儿经　给宝宝自制声音玩具　172

✿ 如何应对宝宝咬乳头　173

✿ 宝宝流鼻涕的应对措施　173

潮妈育儿新招　驱蚊手环
　　——让宝宝远离蚊子的骚扰　173

家庭医生　174

✿ 婴幼儿发热　174

✿ 正确对待发热的利与弊　174

✿ 应对宝宝发热的两种方法　175

宝宝智力加油站　176

盒子里寻宝　大动作能力　176

大球和小球　逻辑能力　177

拍打水面　逻辑能力　178

宝宝能力测评　179

育儿疑问专家连线　180

第9个月 给我一个支点，看我扶站看世界

宝宝成长档案   182
育儿要点提醒   183
膳食营养补给站   184
❀ 本月宝宝营养需求   184
❀ 更喜欢有嚼头的食物   184
潮妈育儿新招   食物万能剪
    ——随时切割宝宝的辅食   184
❀ 鼓励宝宝和大人一起吃饭   185
❀ 母乳喂养的次数可逐渐减少   186
❀ 食量小≠营养不良   186
❀ 避免食物过敏   186
❀ 增进宝宝食欲的方法   187
❀ 缺铁性贫血的饮食调养   187
宝宝营养食谱   188
燕麦南瓜粥   补充蛋白质   188
蔬菜面   补充维生素，易于消化   189
科学护理指南   190
❀ 如何应对宝宝睡觉晚的问题   190
❀ 应对措施   190
❀ 当心宝宝误食异物   191
❀ 宝宝误食异物的应急处理   191
奶爸育儿经   告诉宝宝"不可以"   191
❀ 任性的宝宝如何对待   192
❀ 这样给宝宝洗脚丫   193
宝宝婴语解密   用手打人   193

家庭医生   194
❀ 意外跌落应对措施   194
❀ 打头摇头不要慌   194
❀ 斜颈应对措施   195
❀ 如何应对男宝宝摸"小鸡鸡"   195
宝宝智力加油站   196
"抓飞碟"   精细动作能力   196
认识"1"   逻辑能力   197
摸摸小·鼻子   认知能力   198
宝宝能力测评   199
育儿疑问专家连线   200

第10个月　有样学样爱模仿

宝宝成长档案 202

育儿要点提醒 203

膳食营养补给站 204

❀ 本月宝宝营养需求 204

❀ 添加辅食势在必行 204

❀ 不爱吃蔬菜应对策略 204

❀ 可以吃些固体食物 205

❀ 加工类食品不适合做辅食 205

❀ 宝宝应该回避的食物 205

❀ 对宝宝牙齿有益的四大类食物 206

❀ 吃得太多也不好 207

宝宝营养食谱 208

胡萝卜鸡蛋碎　增强免疫功能 208

奶味豆浆　刺激肠胃，利便 209

科学护理指南 210

❀ 如何应对宝宝夜间啼哭 210

❀ 警惕可能给宝宝带来危险的物品 210

❀ 如何应对宝宝意外烫伤 211

❀ 让宝宝多亲近水 211

❀ 怎样看待宝宝咬人 212

❀ 通过各种玩具开发宝宝的智力 212

奶爸育儿经　带宝宝探索世界 212

　❀ 警惕宝宝出现这些情况 213

宝宝婴语解密　什么都往嘴里放 213

家庭医生 214

❀ 解析四类腹泻 214

宝宝智力加油站 216

把小·熊递给我　精细动作能力 216

跟布娃娃说话　语言能力 217

扔球游戏　听觉能力 218

宝宝能力测评 219

育儿疑问专家连线 220

第11个月 宝宝首秀站立和扶走

宝宝成长档案　222
育儿要点提醒　223
膳食营养补给站　224
❀ 本月宝宝营养需求　224
❀ 科学喂养宝宝　224
❀ 鼓励宝宝自己吃东西　224
❀ 宝宝的饮食呈现个性化　225
❀ 宝宝辅食避免放味精　226
❀ 饮食调养防宝宝上火　226
❀ 多吃对宝宝眼睛有益的食物　227
宝宝营养食谱　228
冬瓜球肉丸　宽肠胃，防便秘　228
水果豆腐　补充维生素C，提高身体
　免疫功能　229
科学护理指南　230
❀ 如何应对宝宝厌食　230

❀ 如何应对左撇子宝宝　230
潮妈育儿新招　保温餐盘
　——让宝宝的饭菜不变凉　230
宝宝婴语解密　不喜欢换衣服　231
奶爸育儿经　"骑大马"　231
家庭医生　232
❀ 热伤风　232
❀ 高温防中暑全攻略　232
❀ 宝宝蚊虫叮咬应对措施　233
❀ 水痘　233
宝宝智力加油站　234
小·手翻翻翻　精细动作能力　234
拉布取小·车　逻辑能力　235
钢琴演奏　听觉能力　236
宝宝能力测评　237
育儿疑问专家连线　238

第12个月　独立迈开精彩人生第一步

宝宝成长档案 240

育儿要点提醒 241

膳食营养补给站 242

❀ 本月宝宝营养需求 242

❀ 多吃蔬菜水果 242

宝宝婴语解密　不好好吃饭，玩食物 242

❀ 偏食宝宝饮食调养方 243

❀ 四大方法让宝宝爱上蔬菜 243

宝宝营养食谱 244

米团汤　补充热量 244

胡萝卜小鱼粥　补钙，增强免疫功能 245

科学护理指南 246

❀ 给宝宝穿便于活动的衣服 246

❀ 别让宝宝隔着窗子晒太阳 246

❀ 纠正含着奶嘴睡觉的习惯 246

潮妈育儿新招　洗手液——天然免洗 246

❀ 宝宝穿袜子有益健康 247

奶爸育儿经　一二一，一起走 247

家庭医生 248

❀ 鼻出血 248

❀ 扁平足莫怕 248

❀ 肺炎的应对措施 248

❀ 宝宝认生应对措施 249

宝宝智力加油站 250

拔河比赛　大动作能力 250

学涂涂点点　精细动作能力 251

泡泡浴　认知能力 252

宝宝能力测评 253

育儿疑问专家连线 254

12个月宝宝能力图解 256

我的成长我做主

1岁1个月~1岁3个月
长成大宝宝了，自信满满

宝宝成长档案	260
育儿要点提醒	261
膳食营养补给站	262
❀ 不能只喝配方奶粉	262
❀ 能正式咀嚼并吞咽食物了	262
❀ 这样的宝宝早餐才理想	262
❀ 避免给宝宝吃危险食物	263
❀ 忌吃补品	263
❀ 及时给宝宝补锌	263
❀ 出现厌食现象不必担心	264
❀ 让宝宝多喝白开水	264
❀ 宝宝必吃动物性食物	265
❀ 让宝宝爱上吃饭的方法	265
宝宝营养食谱	266
乌龙面蒸蛋 补充热量	266
白菜丸子汤 利尿通便，清热解毒	267
科学护理指南	268
❀ 宝宝耍脾气应对措施	268
潮妈育儿新招 马桶便盆	
——带有音乐和轮子的便盆	268
❀ 父母关心和赞扬的重要性	269
❀ 正确表扬宝宝的方法	269
奶爸育儿经 "亲一下"（碰脸）	269
❀ 预防独立行走后的宝宝发生	
意外伤害	270
❀ 宝宝进餐坏习惯应对措施	270
家庭医生	271
❀ 纠正宝宝吸吮手指的行为	271
宝宝智力加油站	272
兔子和鸟儿 大动作能力	272
玩积木 精细动作能力	273
咚咚咚，是谁呀 社交能力	274
唱儿歌做游戏 语言能力	275
育儿疑问专家连线	276

1岁4个月~1岁6个月
会拿着杯子喝水喽

宝宝成长档案 278
育儿要点提醒 279
膳食营养补给站 280
⊛ 规律饮食 280
⊛ 主食量因人而异 280
⊛ 宝宝每日食物摄入量建议表 280
⊛ 正确判断宝宝的营养情况 281
⊛ 宝宝的辅食应粗细搭配 281
⊛ 让宝宝自己吃饭 281
⊛ 宝宝不愿吃米饭应对策略 281
⊛ 宝宝不爱吃肉应对策略 282
⊛ 注意铜元素的摄入 282
⊛ 宝宝饭量小应对策略 283
⊛ 宝宝积食的饮食调养方法 283
宝宝营养食谱 284
蔬菜饼 明目，补充维生素 284
果酱松饼 养心健脾，增强记忆力 285
科学护理指南 286
⊛ 开始大小便的训练 286
⊛ 帮助宝宝学会如厕的方法 286

⊛ 教宝宝用勺子和杯子 287
⊛ 宝宝不好好睡觉应对策略 288
⊛ 宝宝不宜穿松紧带裤 289
潮妈育儿新招 喝水杯 289
——防漏水，保温杯 289
奶爸育儿经 带宝宝认识动物 289
家庭医生 290
⊛ 意外受伤 290
⊛ 误食药物 291
⊛ 误食干燥剂 291
⊛ 消化不良的应对措施 291
宝宝智力加油站 292
宝宝接球 大动作能力 292
传声筒 听觉能力 293
水中乐园 认知能力 294
宝宝能力测评 295
育儿疑问专家连线 296

1岁7个月~1岁9个月
上下楼梯自如啦

宝宝成长档案 298
育儿要点提醒 299
膳食营养补给站 300
❀ 咀嚼能力增强了 300
❀ 宝宝吃饭时总是含饭的应对方法 300
❀ 按时吃饭，少吃零食 300
❀ 宝宝吃零食的原则 301
❀ 增强宝宝免疫功能的最优食材 301
宝宝营养食谱 302
枣花卷 补血 302
牛肉蔬菜粥 强身健体 303
科学护理指南 304
❀ 宝宝"吃"被子应对策略 304
❀ 宝宝非饮食性便秘的应对措施 305
❀ 宝宝1岁半后不宜总穿开裆裤 306
奶爸育儿经 来抓我吧 306

❀ 别让宝宝接触小动物 307
潮妈育儿新招 宝宝感温匙——食物
　温度超过43℃会变色 307
家庭医生 308
❀ 宝宝做噩梦了 308
❀ 呕吐的应对措施 308
❀ 扁桃体炎的应对措施 309
宝宝智力加油站 310
敲勺 精细动作能力 310
找亮光 大动作能力 311
找朋友 认知能力 312
蹲下起来 大动作能力 313
育儿疑问专家连线 314

1岁10个月~2岁
秒变淘气熊孩子

宝宝成长档案 316
育儿要点提醒 317
膳食营养补给站 318
❁ 增加食物种类来确保营养均衡 318
❁ 帮宝宝度过"生理性厌食期" 318
❁ 宝宝偏食怎么办 319
❁ 可以吃点粗粮 319
宝宝营养食谱 320
鲜虾烧卖 补钙,促进骨骼发育 320
鸡蓉玉米羹 养心健脾,增强记忆力 321
科学护理指南 322
❁ 培养爱心和同情心,是最好的
　情商教育 322
❁ 家庭门窗应采取的安全措施 322
❁ 不合群宝宝的应对措施 322
❁ 宝宝喂药应对措施 324
❁ 宝宝爱说"不"的应对方法 325
❁ 龋齿的预防 326
奶爸育儿经 "机器人爸爸" 326
家庭医生 327
❁ 换季感冒 327
❁ 佝偻病 327

宝宝智力加油站 328
拼图游戏 视觉能力 328
装豆子 精细动作能力 329
叠叠乐 逻辑能力 330
宝宝能力测评 331
育儿疑问专家连线 332
24个月宝宝能力图解 334

2~3岁 开始为入园做准备

2岁1个月~2岁3个月
喜怒哀乐百变表情包

宝宝成长档案 338

育儿要点提醒 339

膳食营养补给站 340

● 肥胖宝宝的饮食调养方法 340

● 当心染色食品对宝宝的危害 340

● 让宝宝愉快地就餐 341

● 水果不可少 341

宝宝营养食谱 342

爱心饭卷 补充能量 342

金黄鳕鱼片 益智健脑 343

科学护理指南 344

● 宝宝防晒妙招 344

● 带宝宝郊游应注意的问题 345

潮妈育儿新招 卡通趣味练习筷子
　　　——拿在手上不脱落 345

奶爸育儿经 倒车喽 345

家庭医生 346

● 宝宝晒伤应对措施 346

● 智障儿的提示信号与早期发现 346

宝宝智力加油站 348

猜猜看 认知能力 348

抓泡泡 精细动作能力 350

春天到 语言能力 351

育儿疑问专家连线 352

培养良好的饮食习惯　356

别让宝宝吃得太饱　357

饮食补充微量元素　357

多彩饭团　补充蛋白质　358
蔬菜煎饼　补充维生素和能量　359

保护好宝宝的牙齿　360

服驱虫药时应注意饮食调理　361

幼儿感冒处理方法　362

连连看　记忆能力　364
宝宝会自我介绍了　社交能力　365
买水果　语言能力　366

2岁7个月~2岁9个月
有时依赖人，有时闹独立

宝宝成长档案   370

育儿要点提醒   371

膳食营养补给站   372

- 宝宝要做到营养均衡   372
- 宝宝饮食要"四少"   373
- 少给宝宝吃反季节蔬果   373

宝宝营养食谱   374

鲜汤小饺子   促进生长发育   374

鸡肉凉菜   补充优质蛋白   375

科学护理指南   376

- 宝宝口吃应对措施   376
- 宝宝外出应做好的准备   377

潮妈育儿新招   带盖吸盘碗
　——将碗牢牢吸在桌面上   377

奶爸育儿经   走线   377

家庭医生   378

　干咳和湿咳   378

宝宝智力加油站   379

熊宝宝分饼干   社交能力   379

明星秀   社交能力   380

找盖子   逻辑能力   381

育儿疑问专家连线   382

2 岁 10 个月 ~3 岁
能自由踢球玩了

育儿小提醒

育儿政策站

膳食营养补给站

　注重对宝宝从小良好饮食习惯的

　培养　　　　　　　　　　　　386

　宝宝饮料的选择　　　　　　　386

　保证锌元素的摄入量　　　　　387

宝宝营养自测

芝麻南瓜饼　补充糖类　　　　388

胡萝卜拌莴笋　防治缺铁性贫血　389

奶爸育儿经　一起玩沙子　　　390

　宝宝"自私"的应对措施　　　390

　宝宝说脏话来源于模仿　　　391

　宝宝说脏话应对策略　　　　391

　嗓子红肿　　　　　　　　　392

　遗尿的应对措施　　　　　　392

单腿站立　大动作能力　　　　393

给宝宝录音　语言能力　　　　394

宝宝能力测评　　　　　　　　395

育儿疑问专家连线

个月宝宝能力图解

0~3岁 宝宝成长树

新生儿吃吃睡睡

新生儿出生后即成为一个完全独立的个体，面临着一个完全不同于胎内的生活环境。新生儿各生理器官必须立即适应新的环境，迅速发展适应各种环境变化的基本生存能力。

3个月会翻身了

宝宝已经变得胖嘟嘟的，非常可爱，他喜欢看明亮的、运动的东西。当然，他最喜欢妈妈抱着，如果妈妈和他说话，他可以用"哦""啊"等回应妈妈；他已经能自己由仰卧位转为侧卧位，再转为俯卧位了，这件事让宝宝和妈妈都非常开心！

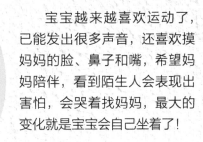

6个月会坐了

宝宝越来越喜欢运动了，已能发出很多声音，还喜欢摸妈妈的脸、鼻子和嘴，希望妈妈陪伴，看到陌生人会表现出害怕，会哭着找妈妈，最大的变化就是宝宝会自己坐着了！

9个月会扶站了

宝宝可以在房间里面爬来爬去了，最喜欢的活动就是在房间里探险。为了避免宝宝发生危险，妈妈要寸步不离地跟着他，但是宝宝不是很喜欢妈妈的看管，遇到不喜欢吃的东西会挥手告诉妈妈，不想吃。最大的变化就是宝宝能扶着东西站立了。

12个月会迈步了

宝宝现在很喜欢模仿爸爸妈妈的动作，也喜欢模仿一些好玩的声音，当妈妈抱着宝宝看见邻家小狗在"汪汪"叫的时候，回到家会给妈妈学狗的叫声，会把全家人都逗乐的。最大的变化就是宝宝能试着自己迈步了！

宝宝喜欢和爸爸妈妈做游戏，喜欢听妈妈唱儿歌，喜欢听爸爸讲故事，有时候宝宝很喜欢自言自语，现在想要去哪里，想要做什么都有了自己的决定，俨然就是一个小大人了！

1岁1个月~1岁3个月长成大宝宝了

宝宝喜欢走来走去，让妈妈追着玩，喜欢把妈妈叠好的衣服、摆好的书弄得乱七八糟的，还很高兴。最大的变化就是现在能自己拿着杯子喝水了，虽然漏下来很多，但是宝宝还是非常高兴。

1岁4个月~1岁6个月会拿杯子喝水了

1岁7个月~1岁9个月上下楼梯自如了

宝宝现在做事情之前，已经在头脑中有了一定的概念，知道哪些事情自己能做，哪些事情自己不能做，还喜欢和爸爸妈妈"对着干"。宝宝现在运动能力飞速地发展，喜欢自己独自上下楼梯。

1岁10个月~1岁12个月越来越淘气了

宝宝现在活动更加自如了，会爬上滑梯的楼梯，并滑下来，也会抓着单杠让自己身体晃来晃去。还喜欢在家里翻箱倒柜地玩，喜欢拆玩具等，反正给爸爸妈妈制造了很多的"麻烦"，宝宝变得越来越淘气了。

2岁1个月~2岁6个月模仿能力越来越强了

宝宝模仿能力越来越强了，看到妈妈在敲键盘，他也会学着敲；看到爸爸在玩相机，他也会学着按相机快门；宝宝还会学着大人的样子擦地、洗衣服呢。

2岁7个月~2岁12个月能自由踢球玩了

宝宝运动能力越来越强了，学会了用脚踢球玩。还喜欢从高处往下跳，也尝试着从低处往高处蹦。喜欢和小朋友一起自由地奔跑。

叮咚！
爸爸妈妈，
我来啦

宝宝降生了
宝宝开始说话了
宝宝会翻身了
宝宝会蹒跚走路了
……
宝宝在一天天地长大

但是，
如何科学喂养宝宝呢？
如何悉心照顾宝宝呢？
如何开发宝宝的智力呢？
这些养育中的疑难之处，
本章将详细为您讲解！

第1个月 天使宝贝来到人间

新生儿出生后即成为一个完全独立的个体，面临着一个完全不同于胎内的生活环境。新生儿各生理器官必须立即适应新的环境，迅速发展适应各种环境变化的基本生存能力。

宝宝成长档案

生理指标	男宝宝	女宝宝
体重（千克）	2.5~4.2	2.4~4
身长（厘米）	46.1~53.7	45.4~52.9

宝宝发育特点

呼吸频率	20~80 次 / 分钟
循环	心脏杂音和心律不齐都有道理，新生儿动脉导管暂时没关闭
睡眠	早期新生儿睡眠时间相对长一些，每天可达 20 小时以上；晚期新生儿睡眠时间有所减少，每天在 16~18 小时
排尿	次数多，尿量少。正常新生儿每天排尿 20 次左右，有的宝宝甚至半小时或十几分钟就排尿一次

育儿要点提醒

❀ 母乳喂养是最科学的喂养方法

母乳的营养成分都很容易消化，几乎全部都能被新生宝宝的身体吸收。且母乳还含有可预防疾病的免疫物质。此外，哺乳对母亲的健康有利，还能使母子间的亲密关系得以延续。

❀ 配方奶粉喂养注意事项

如果妈妈没有母乳或是无法进行母乳喂养，可以实行人工喂养。从母乳喂养改换为配方奶粉喂养后，要密切观察宝宝的生长、食欲和大小便等情况。

❀ 妈妈喂乳方法

妈妈给宝宝喂奶时，先从一侧开始，乳房排空后，再喂另一侧，两侧乳房轮流喂哺为佳。

❀ 谨慎护理脐带

正常情况下，在宝宝出生后5~15天脐带就会自然干燥并脱落。但刚脱落的肚脐会渗出血水，这就需要妈妈特别注意并妥善护理。

❀ 溢乳莫慌

许多宝宝在出生两周后，会经常吐奶。在宝宝刚吃完奶，或者刚被放到床上，奶就会从宝宝嘴角溢出。吐完奶后，宝宝并没有任何异常或者痛苦的表情。这种吐奶是正常现象，也称"溢乳"。

❀ 了解生理性黄疸

由于新生儿血液中胆红素释放过多，而肝脏功能尚未发育成熟，无法将全部胆红素排出，胆红素聚集在血液中，便引起了皮肤变黄，即生理性黄疸。

膳食营养补给站

❀ 本月宝宝营养需求

无论是足月分娩的宝宝，还是早产的宝宝，对热量、蛋白质、各种脂肪酸、脂类、各种矿物质、维生素都有很高的要求。

足月分娩的宝宝，每天对热量的需求：第一周为每千克体重60千卡（1千卡 ≈ 4.186千焦），第二周以后热量需求每千克体重约为95千卡。新生儿对蛋白质的要求：母乳喂养的宝宝，每天每千克体重需要大约2克蛋白质；用配方奶粉喂养的宝宝，每天每千克体重需要3~5克蛋白质。新生儿对各类矿物质、脂肪酸和脂类的要求：每天推荐摄入300毫克钙、0.3毫克铁、400微克维生素A（视黄醇适量）、10微克维生素D等。母乳喂养的宝宝在新生儿期不需要额外喝水，人工喂养的宝宝在喝奶的间隔时间里可以喂水30~50毫升。

❀ 最宝贵的初乳

初乳是指新生儿出生后7天内所吃的母乳。俗话说，"初乳滴滴赛珍珠"。初乳含有一般母乳的营养成分，还含有抵抗多种疾病的抗体、免疫球蛋白、噬菌酶、吞噬细胞、微量元素等。这些免疫球蛋白能提高新生儿的抵抗力，促进新生儿的健康发育。

初乳中还含有保护肠道黏膜的抗体，能防止肠道疾病；初乳中蛋白质的含量高、热量高，容易消化和吸收；初乳还能刺激肠胃蠕动，加速胎便排出，加快肝肠循环，减轻新生儿生理性黄疸。

❀ 母乳喂养，好处多多

母乳营养丰富，是新生宝宝最理想的天然食品

母乳中含有较多的脂肪酸和乳糖，钙、磷比例适宜，适合新生宝宝消化和吸收，不易引起过敏反应、腹泻和便秘；母乳中含有利于宝宝大脑细胞发育的牛磺酸，有利于促进新生宝宝智力发育。

母乳是新生宝宝最大的免疫抗体来源

母乳中含有多种可增加新生宝宝免疫功能的物质，可使新生宝宝预防各类感染，减少患病。特别是初乳中含有多种预防、抗病的抗体和免疫细胞，这是任何代乳品所没有的。

母乳喂养可促进亲子间的感情建立与发展

在母乳喂养中，新妈妈对新生宝宝的照顾、抚摸、拥抱等身体的接触，都是对新生宝宝的良好刺激，不仅能够促进母子感情日益加深，而且能够使新生宝宝获得满足感和安全感，促进其心理和大脑的发育。

减少过敏反应

母乳的乳蛋白不同于牛奶的乳蛋白，对于过敏体质的新生宝宝，可以减少其因牛乳蛋白过敏所引起的腹泻、气喘、皮肤炎症等过敏反应。

母乳中含有镇静助眠的天然吗啡类物质，可以促进新生宝宝的睡眠。母乳中的一种生长因子能加速新生宝宝体内多种组织的新陈代谢和各器官的生长发育。

❀ 母乳的分类及营养特点

分　类	乳汁分泌时间	营养特点
初乳	新生宝宝出生后 7 天以内所吃的较稠、呈淡黄色的乳汁。初乳量少，呈黄色，有些发黏	初乳的量少（10~40 毫升），初乳少含脂肪和糖类，多含蛋白质（主要是球蛋白）、维生素 A 和矿物质，并且含大量能提高宝宝免疫功能和促进宝宝器官发育、成熟的活性物质，滴滴珍贵，不要轻易抛弃
过渡乳	7~14 天的乳为过渡乳	脂肪含量最高，而活性物质、蛋白质、矿物质的含量逐渐减少
成熟乳	产后第 3 周分泌的乳汁为成熟乳	成熟乳的各种营养成分比较固定，其中蛋白质、脂肪、糖类的比例约为 1：3：6，这个时期乳母要逐渐添加辅食

❀ 母乳不足的判断

现在提倡母乳喂养，有很多母亲担心自己的奶水不够，怕宝宝吃不饱，那么怎样知道母乳是否充足呢？

称宝宝体重

宝宝出生后 7~10 天里，仍是生理性体重减少阶段，此后，体重就会逐渐增加。因此，10 天以后每周称 1 次，将增长的体重除以 7，得到的值如在 20 克以下，则表明母乳不足。

哺乳时间的长短

正常情况下的哺乳时间为 20 分钟左右。假如哺乳时间超过 20 分钟，甚至超过 30 分钟，宝宝吃奶总是吃吃停停，而且吃到最后也不肯放乳头，则可以断定母乳不足。宝宝出生两周后，若吃奶间隔依然很短，吃奶以后相隔个把小时就闹着要吃奶，也可以断定母乳不足。

靠母亲自己的经验

那就是乳房是否胀。乳房胀得厉害与否，则可断定母乳是否充足。

❀ 增加母乳的方法

树立坚定的母乳喂养信念

有充足的乳汁，是每个做妈妈的最为关心的问题。如果想使母乳增多，从怀孕时起，就应当坚定自己哺乳的决心，特别是来自妈妈自身具有的哺育新生儿的强烈愿望，这是重要的内在动力。

产后及早开奶

通常，产后几天乳汁都不会很多。等过了四五天以后，乳汁就会大量分泌出来。因此，开始几天千万不要因乳汁少而灰心丧气。

宝宝出生后，要多让宝宝吸吮乳头，以刺激乳腺分泌乳汁。产后应早喂、勤喂，坚持下去，经过三五天或十来天，奶水自然会增多。

产后均衡摄取营养

作为妈妈，应该均衡摄取营养。补充蛋白质、多种营养，多吃新鲜蔬果、多汁的液态食物等。此外，哺乳的新妈妈还应该多吃富含维生素 E 的食物，如植物油和各种坚果等，为乳房提供充足的血液，增加乳汁的分泌。

产后 3 天内饮食宜清淡

新妈妈刚分娩结束后 3 天内，不宜开大荤，特别是老母鸡汤等。最适宜清淡饮食，同时补充足够的水分，多吃一些汤水类食物，如丝瓜汤等，有利于乳汁的分泌。

分娩 4 天后宜选择吃通乳食物

产后第 4 天开始，可适当加强营养，选择有通乳作用的食物，如榴莲、豆制品、黑芝麻、燕麦粥、玉米须水、木瓜花生红枣汤等。

❀ 催乳食材推荐

莲藕

能够健脾益胃、润燥养阴、行血化瘀、清热生乳。新妈妈多吃莲藕，能及早清除腹内积存的瘀血，增进食欲，帮助消化，促使乳汁分泌，解决乳汁不足的难题。

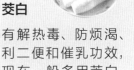

黄花菜

有宽胸、下乳的功效，治产后乳汁不下，用黄花菜炖猪瘦肉食用，极有功效。

茭白

有解热毒、防烦渴、利二便和催乳功效，现在一般多用茭白、猪蹄、通草同煮食用，有较好的催乳作用。

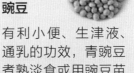

莴笋

有清热利尿、活血通乳的作用，适合产后少尿及无乳的新妈妈食用，效果显著。

豌豆

有利小便、生津液、通乳的功效，青豌豆煮熟淡食或用豌豆苗捣烂榨汁服用，皆可通乳。

豆腐

对奶汁不足者，能补气血及增进乳汁分泌，以豆腐、红糖、酒酿加水煮服，可以生乳。

✿ 哪些情况妈妈不能喂母乳

宝宝患有半乳糖血症

这类新生宝宝在进食含有乳糖的母乳后，可引起半乳糖代谢异常，致使喂奶后出现严重呕吐、腹泻、黄疸、肝脾大等症状。确诊后，应立即停止母乳及奶制品喂养，并给予其不含乳糖的特殊代乳品。

宝宝患糖尿病

表现为喂养困难、呕吐及神经系统症状，多数患病新生宝宝伴有惊厥、低血糖等症。对这种患病新生宝宝应注意少量喂食母乳，给予其低分子氨基酸膳食。

妈妈患慢性病须长期用药

如甲状腺功能亢进，尚在用药物治疗的新妈妈，药物进入乳汁中，对新生宝宝不利。

妈妈处于细菌或病毒急性感染期

新妈妈乳汁内含有致病的病菌或病毒，可通过乳汁传给新生宝宝，对新生宝宝有不良后果，故应暂时中断哺乳，用配方奶粉代替。

妈妈接触过有毒化学物质

这些物质可通过乳汁使新生宝宝中毒，故新妈妈哺乳期应避免有害物质并远离有害环境。

妈妈患严重心脏病

心功能衰竭的新妈妈，哺乳会使心脏功能恶化。

妈妈患严重肾脏疾病

有肾功能不全的新妈妈，哺乳可加重脏器的负担和损害。

妈妈处于传染病感染期

如新妈妈患开放性结核病，或者在各型肝炎的传染期，此时哺乳将增加新生宝宝感染的机会。

✿ 开奶前不用给宝宝喂代乳品

以前很多人担心宝宝吃母乳前不喂食一些代乳品，会造成宝宝低血糖，影响健康，所以宝宝出生后会喂些糖水等代乳品。但是事实证明，宝宝出生前已经在体内储存了足够的能量，足以维持到妈妈哺乳的时候。

刚开始哺乳的时候，乳汁量很少，但是足够宝宝吸吮，能满足宝宝的生理需要，所以宝宝出生后基本不用喂食代乳品。

✿ 配方奶粉是宝宝的候补营养源

如果妈妈没有母乳或是无法进行母乳喂养，可以实行人工喂养。从母乳喂养改为配方奶粉喂养后，要密切观察宝宝的生长、食欲和大小便等情况。

育儿直通车

配方奶粉作为部分宝宝的第一"口粮"，其营养成分的特点与初生儿营养需求相匹配，是无法进行纯母乳喂养的情况下最好的选择。

☀ 奶粉喂养宝宝食量计算

如果宝宝进食配方奶粉的量充足，是完全能满足宝宝所需的营养素的。在宝宝消化功能正常的情况下，一天 24 小时内进食量充足的简单计算方法是：

摄入的配方奶粉量（毫升）=【宝宝体重（千克）×100】×（1.5~1.8）

比如：一个宝宝体重为 3 千克，每日摄入配方奶粉的量为：

（3×100）×（1.5~1.8）=450~540（毫升）

一般宝宝每 3~4 小时进食一次，每次喂养量 60~70 毫升即可。

☀ 如何选择配方奶粉

市场上奶粉种类很多，妈妈在为宝宝购买配方奶粉时，应选择最适合宝宝健康成长的奶粉，主要需要考虑以下方面：

选择分类	选择的原因
奶粉配方中的营养素种类	奶粉的营养素越接近母乳越好，宝宝食后睡得香，食欲也正常，无便秘、无腹泻，体重和身高等指标正常增长
根据宝宝年龄选择	宝宝在生长发育的不同阶段需要的营养是不同的，例如，新生儿与 7~8 个月的宝宝所需要的营养就不一样。奶粉说明书上都有适合的月龄或年龄，可按需选择
根据宝宝健康情况选择	有的宝宝对牛奶蛋白过敏、对乳糖不耐受，或由于早产儿对营养有特殊需求，需要选择有治疗意义的配方奶粉。如早产儿可选早产儿奶粉，待体重发育至正常（大于 2500 克）后再更换成宝宝配方奶粉；患有慢性腹泻导致肠黏膜表层乳糖酶流失、有哮喘和皮肤疾病的宝宝，可选择脱敏奶粉（大豆配方奶粉）；缺铁的宝宝，可补充强化铁奶粉
优质的配方奶粉	选择知名度高、有信誉的厂家。由于配方奶粉的基础粉末是从牛奶中提取的，奶源的好坏就非常重要了。选择奶粉时，最好了解奶源的出处，天然牧场喂养的奶牛是最佳奶源
观察产品包装	无论是罐装奶粉还是袋装奶粉，妈妈在购买时都不能忘记观察产品包装。主要浏览包装上为其配方、性能、适用对象、使用方法所做的文字说明，判断该产品是否符合自己的购买要求。此外，还要察看生产日期和保质期、有无漏气、有无块状物等，判断所要购买的奶粉是不是合格产品，是否已经变质

潮妈
育儿新招

宝宝安全奶瓶
——破碎后玻璃碴不伤人

钢化玻璃奶瓶抗破碎性非常好，不易破碎，强度能达到普通玻璃的4倍。当其破碎时，则分裂成均匀、无锋利口、不易伤人的小颗粒，是非常适合宝宝使用的安全玻璃奶瓶。

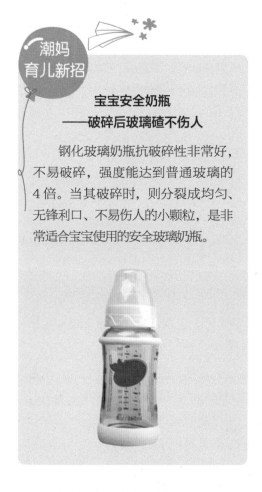

❀ 怎样调配奶的浓度

刚出生的宝宝，消化功能弱，不能消化浓度较高的奶，应先喂浓度低一些的。最好先喂1/3奶，3天后再喂1/2奶，一周后才能喂食全奶。

全奶的配制方法是：1平勺奶粉加4勺（同样大小的勺子）的水。

1/2奶的配制方法是：1平勺奶粉加8勺水。

1/3奶的配制方法是：1平勺奶粉加12勺水。

❀ 按需哺乳

宝宝饿了或妈妈感到奶胀就喂奶，喂奶的持续时间、间隔时间没有限制。一般每日喂哺10~12次，当乳量增加后，宝宝睡眠时间逐渐延长，自然进食规律形成。随着年龄的增大，两次喂哺间隔时间逐渐延长，喂哺时两侧乳房轮流，先从一侧开始，这侧乳房排空后，再喂另一侧，每次喂哺应尽量让宝宝吸奶吸到满足，自己放开乳头为止。

❀ 喂母乳的正确姿势

哺乳的正确姿势有以下4种：

喂奶姿势一：摇篮式哺乳

在有扶手的椅子上（也可靠在床头）坐好，把宝宝抱在怀里，胳膊弯曲，宝宝的后背靠着妈妈的前臂，用手臂的肘关节托着宝宝的头颈部（喂右侧时用左手托，喂左侧时用右手托），不要弯腰或者探身。另一只手轻抚宝宝。这是早期喂奶比较理想的姿势。

喂奶姿势二：足球抱式哺乳

将宝宝抱在身体一侧，胳膊肘弯曲，用前臂和手掌托着宝宝的身体和头部，让宝宝面对乳房，另一只手帮助将乳头送到宝宝嘴里。妈妈可以在腿上放个垫子，宝宝会更舒服。剖宫产、乳房较大的妈妈适合这种喂奶方式。

喂奶姿势三：半躺式哺乳

在分娩后的最初几天，妈妈坐起来仍有困难，这时，以半躺式的姿势喂哺宝宝最为适合。背后用枕头垫高上身，斜靠躺卧，让宝宝横倚在妈妈的腹部进行哺乳。

喂奶姿势四：侧卧式哺乳

妈妈侧卧在床上，让宝宝面对乳房，一只手揽着宝宝的身体，另一只手帮助将乳头送到宝宝嘴里，然后放松地搭在枕侧。这种方式适合早期喂奶、妈妈疲倦时喂奶，也适合剖宫产妈妈喂奶。

新妈妈催乳食谱

花生炖猪蹄

健胸丰乳

材料　花生米200克，猪蹄2只。

调料　葱、生姜、盐、清汤各适量。

做法

1. 将猪蹄刮洗干净，顺猪蹄劈成两半；花生米洗净，用温水泡涨。

2. 葱、生姜洗净，葱切段，生姜切成大片。

3. 净锅置火上，倒入适量清汤，放入猪蹄、花生米、葱段、姜片，用大火烧开，撇去浮沫，转用小火慢炖至猪蹄软烂，加盐调味即可。

丝瓜炖排骨

使乳汁分泌通畅

材料 猪排骨 500 克，丝瓜 200 克，枸杞子 10 克。

调料 姜片、葱段各 5 克，盐 4 克。

做法

1. 排骨切段，洗净，入沸水锅中略焯，捞出沥干；丝瓜洗净，去皮，切菱形块。

2. 将排骨放锅中，加清水大火煮沸，加葱段、姜片，转小火炖 1 小时，再放丝瓜块、枸杞子炖熟后，放盐调味，搅匀即可。

科学护理指南

❀ 新生儿肚脐的处理

正常情况下，在宝宝出生后5～15天脐带就会自然干燥并脱落。刚脱落的肚脐会渗出血水，需要特别护理。不论脐带是否已脱落，肚脐都可按下面方法来处理：

1. 每天清洁肚脐部位。重点清洁白色的脐带根部，宝宝的肚脐处痛感不敏感，妈妈可以放心清洁。

2. 清洁完毕，要用干净的毛巾将肚脐处的水分擦干。

3. 用医用棉签蘸75%的酒精涂于肚脐处，由脐带根部（或凹处）开始向外擦至皮肤。

4. 每次换尿布时，需要检查脐部是否干燥。如发现脐部潮湿，就用75%的酒精再次擦拭。75%酒精的作用是使肚脐加速干燥，干燥后易脱落，也不易滋生细菌。脐带脱落后，也可按此方法处理。

❀ 正确清洗宝宝的头垢

头垢是每个新生儿都会有的，如果头垢过多对宝宝健康是不利的。因为头垢内有大量污垢，一旦宝宝抓破头皮，很容易导致感染。此外，如果头垢把囟门遮挡住，会影响家长和医生通过囟门的情况来判断宝宝的健康状况。可以通过下面的方法清理头垢：

1. 洗澡时，将水轻轻地淋在宝宝头上，在长头垢的位置擦一点宝宝油或者橄榄油（注意别把水溅到宝宝的眼睛和耳朵里）。

2. 过10～20分钟，待头垢软化后，用软硬适度的刷子把大块的头垢刷松，然后用宝宝洗头液把头垢清洗掉即可。

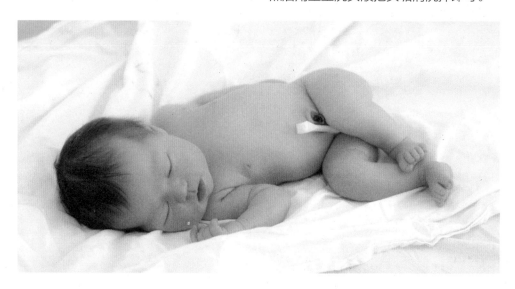

❀ 给宝宝穿衣服的小窍门

给宝宝穿衣服和脱衣服要有速度，避免使宝宝受凉。在给宝宝穿衣服时，要托住宝宝的屁股和脖子，让宝宝觉得舒服。具体方法如下：

最好是领子宽的衣服

宝宝的头比身体大，不能从前面打开的T恤形上衣不便穿脱。最好选择领子宽的，或可从前面或肩膀方向打开的或有扣子的。

开胸衣服翻过来穿

给宝宝穿开胸衣服时要提前把衣服翻过来。将宝宝的手通过翻过来的袖子，从妈妈的胳膊移动到宝宝的胳膊上，即翻成正面了，把衣服反过来就能容易地穿上衣服了。

将内衣和外衣重叠后一次性穿上

内衣和外衣分着穿会比较辛苦，重叠内衣和外衣一次性地穿上更简单。外衣和内衣的袖子重叠，这样宝宝的胳膊能更容易地通过后一次性穿上。

妈妈的手最好放在扣子下面扣扣子

穿着衣服扣扣子容易压迫到宝宝娇嫩的皮肤，所以，妈妈的手指要伸到宝宝的衣服下面或往前拉衣服再扣扣子。

育儿直通车

1. 剪下新衣服的商标

新生儿的新衣服需要将商标剪下来，如果是贴在里面的更要彻底剪下来（商标接触皮肤会使皮肤红肿）。

2. 新衣服用清水漂洗

新生儿的衣服特别是内衣，最好用干净的水漂洗后再穿，去掉可能附着在上面的灰尘或异物等。不要用洗涤剂，就用清水漂洗，接触的感觉会更清爽，也容易吸汗。

3. 室温升高后再脱衣服

在确定温度升高后，再迅速脱掉或换下宝宝多余的衣物。有的宝宝在脱衣服时会被吓一跳，这是0~4个月宝宝的反射反应，可以抓住宝宝的手或胳膊让宝宝安心。

奶爸
育儿经

用玩具逗引宝宝

可以给宝宝准备一些用手捏可以发出声音的橡胶玩具，如橡胶青蛙或是小型的舔弄玩具，也可以选择一些色彩鲜艳、声音悦耳的吊挂玩具，如彩色气球、彩条旗、较大的毛绒玩具等。玩是宝宝的天性，通过玩具还能够提高宝宝的注意力、观察能力和认知能力。

❀ 新生儿生殖器官的保护与清洁

保护男婴生殖器的方法

男婴睾丸内产生精子和雄性激素的组织结构尚未发育完全，抗病能力也较弱，一旦遭受损伤，会影响成年后的生育能力。所以父母不要抱宝宝到有物理辐射、放射线及有害化学物质等污染的地方去，并应预防各种微生物（如细菌）感染。

男婴阴茎包皮长而且外口较狭小，包皮内层的分泌物和尿液容易存在包皮内，使细菌在此处繁殖，发生感染。父母应经常为宝宝清洗，一旦发现宝宝患有睾丸炎、包皮龟头炎等生殖器疾病症状，应及时就医，以免延误诊治。

清洁男孩外阴部的方法

用一块湿布或棉球把残留在龟头内的尿液清除，从大腿皱褶向阴茎的方向清洁，不要强行将包皮往后拉。

用一只手握住宝宝双腿，并提起来，清洁其臀部，直至干净。握宝宝双脚时注意，要用一个手指垫在他的两足跟之间，以防他的两内踝相互摩擦。如果尿布弄脏了要换，可先用尿布干净处尽量将粪便擦掉，再使用湿巾擦拭。

清洁女宝宝外阴部的方法

女宝宝的尿道较短，如果不注意卫生，细菌会经较短的尿道进入膀胱，引起泌尿系统炎症。而阴道口也时常留有少量分泌物，若不加清洗，将为细菌繁殖创造有利条件，引起生殖器官炎症。女宝宝清洗外阴部一般在就寝前或者大便后进行。外阴部一般用温水由前方向后方流动清洗即可，水温太高容易烫伤。母亲的用具和宝宝的用具要分开。

宝宝用具和家人用具要分开使用，这样更干净卫生

❀ 正确理解宝宝的溢乳

许多宝宝在出生两周后，会经常吐奶。在宝宝刚吃完奶，或者刚被放到床上时，奶就会从宝宝嘴角溢出。吐完奶后，宝宝并没有任何异常或者痛苦的表情。这种吐奶是正常现象，也称"溢乳"。

出现原因

小宝宝的胃呈水平状、容量小，而且入口的贲门括约肌弹性差，容易导致胃内食物反流，从而出现溢乳。有的宝宝吃奶比较快，会在大口吃奶的同时咽下大量空气，平躺后这些气体会从胃中将食物一起顶出来。

如何避免

在宝宝吃完奶后，不要马上把他放躺下，而是应该竖抱宝宝，让宝宝趴在妈妈的肩头，轻轻用手拍打宝宝的后背，直到宝宝打嗝为止，这样帮助宝宝排出胃里的气体，就不会有溢奶现象了。

宝宝婴语解密

哭

宝宝自述

我不会说话，但发现了哭是很好的法宝，一哭妈妈就来及时关注我。饿的时候哭，不想起床了哭，不想穿衣服了哭，爸爸的胡须扎疼我了也哭。哭就是我的语言！

婴语解析

所有的宝宝都会时不时地哭一哭，哭是他们表达需求最主要的方式，就算是完全健康的宝宝每天也会哭一两个小时。一项研究显示，宝宝在0~3月龄哭得最多，每天哭120分钟，4月龄后减少到每天哭60分钟。哭有时候是因为宝宝中枢神经系统尚不成熟，而不是对宝宝的照顾不周。

育儿直通车 ❀

宝宝会在饿了、渴了时用哭声提醒妈妈，这种哭声时高时低，会持续一段时间。如果宝宝尿了、拉了，妈妈未发现，宝宝也会用哭声来提醒，这种哭的声音不大，也不是特急。如果不到该喂奶的时间宝宝哭了，要及时检查宝宝的尿布，如发现有尿或屎，要及时给宝宝洗净屁股，更换尿布。

❀ 宝宝尿片选择的大学问

尿片的选择对宝宝的小屁屁是非常重要的，那么我们该选择传统尿布还是纸尿裤呢？

传统尿布和纸尿裤的优缺点

	优　点	缺　点
传统尿布	1. 大多是棉布材质，质地柔软，不会弄伤宝宝娇嫩的小屁屁 2. 环保又省钱	1. 宝宝尿尿后无法保持表面干爽，尿湿后必须及时更换，这阶段宝宝尿尿很多，对宝宝和妈妈都是件麻烦事，宝宝无法安睡，妈妈需要不断地换尿布 2. 一整天换下来的脏尿布，清洗需要花一些工夫
纸尿裤	1. 使用方便，减少了妈妈的劳动 2. 大部分时候保持宝宝小屁屁干爽	1. 透气性差，裹紧后里面温度高 2. 用过的纸尿裤不容易分解，污染环境、成本高
聪明妈妈的选择	夜间和外出用纸尿裤，在家用传统尿布，既经济又实用	

❀ 纸尿裤的选择

有超强的吸水力

宝宝的新陈代谢，尤其是水代谢非常活跃，而且膀胱又小，每天都要排好多次尿。如果护理不及时，屁屁容易经常处于潮湿的状态，长期如此容易形成尿布疹。

所以，在选择纸尿裤时，应挑选那些含有高分子吸收体、具有超强集中吸收能力的。这样的纸尿裤被浸湿后，形成的凝胶能承受相当于自重80倍的液体，可把尿液锁在中间不回渗，因此能使宝宝的小屁屁保持干爽，从而预防发生尿布疹。

柔软且无刺激性

宝宝的皮肤厚度只有成人皮肤厚度的1/10，角质层很薄，因此与宝宝皮肤接触的纸尿裤表面应柔软舒适，就像棉绒内衣一样，包括伸缩腰围、粘贴胶布也应如此。而且，不应含有刺激性的成分，以免引起过敏。

透气性要好

宝宝皮肤上的汗腺排汗孔仅有成人的 1/2 大，甚至更小。在环境温度升高时，如果湿气和热气不能及时散出，宝宝的屁屁就会潮湿，促发热痱和尿布疹。因此，选择纸尿裤在考虑超强吸水力的同时，也要注意是否透气。如果只是尿液被吸收了，热气和湿气还聚集在纸尿裤里，就会使细菌生长，诱发尿布疹。

✿ 换尿布的方法

宝宝从出生后即开始排尿，乳汁充足时每天小便在 6 次以上，一天要换几次尿布。下面来学习换尿布的方法吧。

1. 从宝宝屁股下面伸进手，用手掌托住宝宝的腰部稍微抬起屁股，在屁股下铺上新尿布，屁股放在尿布中央的前面。

2. 调节尿布的高度，不要盖住肚脐，留下一点空间左右对称地贴。男宝宝的阴囊下面容易潮湿，要往上推阴囊，再盖上尿布。

3. 肚子要留点空间，后腰要刚好盖上尿布，这样宝宝会感觉舒服。

4. 大腿处的尿布没有褶或集中在一侧的话，大小便很容易漏出。最后需要做的是检查一下尿布是否太松或太紧。

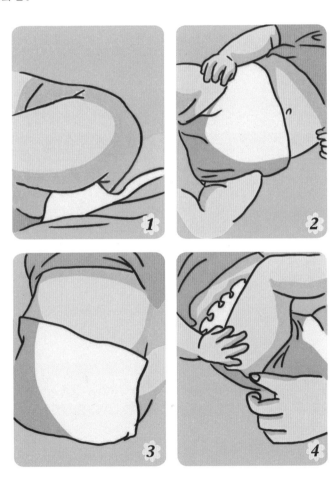

家庭医生

❀ 生理性黄疸与病理性黄疸的区别

新生儿黄疸是新生儿期常见的现象，它包括生理性和病理性两种。新生儿黄疸的发生与胎龄和喂养方式均有关，早产儿多于足月儿，母乳喂养儿多于人工喂养儿、延迟喂养儿，呕吐、寒冷、缺氧、胎粪排出较晚等均可加重生理性黄疸；新生儿溶血症、先天性胆道闭锁、新生儿败血症、婴儿肝炎综合征等可致病理性黄疸。

	生理性黄疸	病理性黄疸
症状出现时间	黄疸出现较晚，多在出生后3天出现	黄疸出现较早，出生后24小时内就出现黄疸
程度表现	皮肤、黏膜及巩膜（白眼球）呈浅黄色，尿的颜色也发黄，但不会染黄尿布	黄疸程度较重：皮肤呈金黄色或暗褐色，巩膜呈金黄色或黄绿色，尿色深黄以致染黄尿布，眼泪也发黄
消退时间	足月儿黄疸一般在出生后10～14天消退，早产儿可延迟到3周才消退，并且无其他症状	黄疸持续不退：足月儿黄疸持续时间超过两周，早产儿超过3周，黄疸消退后又重新出现或进行性加重
治疗	生理性黄疸可自行消退，不必治疗	可引起大脑损害，一旦出现以上症状，均应及早到医院接受检查、治疗

❀ 女婴阴道流血

有的女婴出生后2～3天阴道排出少量血性分泌物，持续1～2天。这是由于胎儿受母亲雌激素的影响，生殖道细胞增殖、充血。宝宝出生后，体内雌激素的来源中断，原来增殖、充血的细胞脱落，使女婴出现"假月经"。

❀ 生理性体重下降

新生儿在出生后1周左右，由于吃奶量少，又排出胎便、尿，加上水分从皮肤蒸发，机体会丢失一些水分，新生儿体重比出生时下降100～300克，这种现象被称为"掉水膘"。正常情况下，在出生后7～10天，体重可恢复到出生时的水平，以后体重明显增加。

此后，新生儿的体重会以平均每天 30 克的速度增长。在新生儿期的 28 天中，体重增长应大于 600 克。如果每日体重增长少于 20 克或满月时体重增长少于 600 克，则说明新生儿体重增长不良，可能是母乳不足、喂养不当或其他原因造成的。这时新生儿的家长应给予重视，积极地去寻找原因。

称量新生儿的体重最好在吃奶前。这样就可以准确知道你的宝宝体重是多少，并可以与上一次称的体重做比较。

✿ 螳螂嘴和板牙

新生儿口腔两侧颊部有较厚的脂肪层，使颊部隆起，俗称"螳螂嘴"，又称"吸奶垫"。有人在新生儿不肯吃奶时，去挑割其"吸奶垫"，会引起口腔炎，甚至发展成败血症。

在新生儿的牙龈上有一些灰白色的小颗粒，俗称"板牙"或"马牙"。板牙不妨碍新生儿吸吮，日后也不会影响出牙，切勿挑、刺，以免发生感染。板牙会自然消失，不需要处理。

宝宝智力加油站

盘盘小腿

方法 给宝宝穿上暖和、宽松的衣服，将宝宝放在床上躺着，房间里面保持暖和。爸爸轻轻握住宝宝同侧的脚踝和大腿，盘向另一条腿，让宝宝的身体和屁股跟着盘过去，然后再将宝宝放回，保持平躺姿势。换另一条腿，做盘转运动，如此反复数次。

目的 锻炼宝宝腿部的肌肉，提高腿部大动作能力，为宝宝翻身做准备。

专家指导建议

在做盘腿游戏时，妈妈可以在旁边帮忙，用手轻轻护着宝宝的腰背，帮助宝宝盘转。

大动作能力

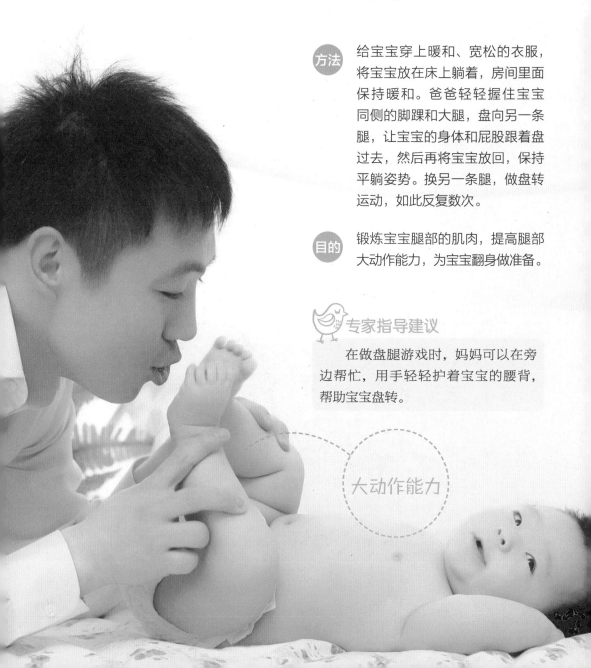

小手握握

 妈妈用小指轻点宝宝手心，刺激抓握反射。妈妈可以一边念儿歌："蜻蜓蜻蜓点点，小手小手卷卷。蜻蜓蜻蜓飞跑，宝宝宝宝笑笑。"

 锻炼宝宝抓握能力。

精细动作能力

专家指导建议

刚开始做时，时间应控制在两分钟内，随着宝宝的成长，可适当增加练习的时间。

语言能力

拉长发音

方法　让宝宝仰卧在妈妈的怀里或躺在床上，妈妈做出各种表情，并发出简单欢快的声音，引起宝宝的反应。当宝宝喃喃自语，发出"O-O-O"的声音时，妈妈可以重复并拉长发音"O-O-O"。

目的　强化宝宝正在形成的发音能力，有助于宝宝语言能力的提高。

专家指导建议

妈妈发出的声音不要太大，以免宝宝受到惊吓，也不要急于求成而发出太复杂的声音。

宝宝能力测评

1. 首次离眼 20 厘米注视模拟妈妈脸容的黑白图画 10 秒以下。　是☐　否☐

2. 离耳朵 15 厘米处摇动拨浪鼓时，宝宝会转头眨眼。　是☐　否☐

3. 妈妈将手突然从远处移至宝宝眼前，宝宝会眨眼。　是☐　否☐

4. 能一只手放胸前只吸吮一侧手指。　是☐　否☐

5. 将笔杆放入宝宝手心，能紧握 10 秒以上。　是☐　否☐

6. 啼哭时家长发出同样声音时，宝宝会回应性发音两次。　是☐　否☐

7. 同宝宝说话时，宝宝能小嘴模仿开合。　是☐　否☐

8. 扶腋下站在硬板上能迈 10 步。　是☐　否☐

9. 10 天后仰卧时，宝宝眼睛能抬起观看。　是☐　否☐

10. 妈妈用手指轻挠宝宝胸脯，15 天左右可以发出回应性微笑。　是☐　否☐

评分结果

答是加 1 分，答否得 0 分。
9~10 分，优秀；7~8 分，良好；5~6 分，一般；5 分以下，宝宝需要加强训练。

育儿疑问专家连线

Q 新生儿需要枕头吗？

A 新生儿是不需要枕头的。但因新生儿胃呈水平位，贲门括约肌发育尚未完善，关闭作用不够强，为防止新生儿吐奶，可把上半身——肩部和头部一起略垫高一点，可用柔软的毛巾折叠后垫在宝宝头、肩部。

软硬、高度要适宜。一般来说，当宝宝长到3个月以后，就应该给宝宝准备小枕头了。枕头软硬要适宜，不要太高，可随月龄的增加来变换枕头的高度，太高了，宝宝体形容易形成畸形。

枕芯选材。当妈妈给宝宝选用枕头时，枕芯最好用绿豆皮、秕谷做成。用灯芯草或剩茶叶晒干后填枕头，在夏天可起到防暑降温、消炎的作用。中药保健枕也可以用。

Q 母乳喂养的新生儿用喂水吗？

A 联合国儿童基金会新近提出的"母乳喂养新观点"认为，一般情况下，母乳喂养的宝宝，在4个月内不必添加任何食物和饮料，包括水。

母乳含有宝宝从出生到6月龄所需要的蛋白质、脂肪、乳糖、维生素、水分、铁、磷等全部营养物质。母乳的主要成分是水，这些水分能够满足宝宝新陈代谢的全部需要，无须额外补水。

Q 新生儿的便便每天多少次是正常的？

A 新生儿在出生12小时或最晚两天内，会有第一次胎便。新生儿大肠反射相当强烈，而乙状结肠的容量不够大，所以每次吃奶都会造成大肠收缩排出大便。新生儿出生一周内，宝宝每日排便次数4~5次，有的为6~8次。随着宝宝的成长，乙状结肠容量增大，能储存更多的便便了，于是次数就会减少。

新生儿0~4个月，每日排便2~3次；5个月~1岁，每日2次左右；1~2岁，每日平均1~2次。

但有的宝宝在满2个月后，一天仍有很多次大便，而有些宝宝却要2~3天才会有1次大便，甚至要妈妈去刺激便便才会顺畅。尽管如此，但大便只要是软软的或是豆沙状的，不是很硬，都是正常的现象。

Q 怎样防止出现乳头皲裂？

A 最简便的方法是让新生儿完全含住乳头，如果皲裂处有感染迹象，要涂用红霉素等抗生素软膏，但宝宝吃奶前要洗净。

Q 听说新生儿就可以进行早教了，在家里有什么简单实用的早教方法来训练他的触觉吗？

A 方法很多，最简单的可以从宝宝的手部开始，不仅能发展他的触觉，还能锻炼他的精细动作呢。

　　1. 妈妈可以轻轻拿起宝宝的双手，把每个手指轻轻弯曲再伸直，动作要轻要慢，对宝宝指尖可以进行点触式按摩。

　　2. 妈妈可以一手拿起宝宝的胳膊，另一只手轻轻握住宝宝的手掌，转动宝宝的手腕，动作要轻要慢。

　　3. 妈妈准备各种质地、各种形状、各种颜色的物品，先让宝宝依次感知到每个物品，然后让宝宝的手指依次触摸这些物品。

　　手部的运动比较容易，也不需要脱穿衣服，在宝宝睡醒、精神状态好的时候，妈妈可以灵活操作。

Q 怎样判断新生儿的穿着是否合适？

A 触摸婴儿颌下颈部，感觉较暖，就说明给宝宝穿戴和覆盖已够；触摸婴儿的手脚，感觉较暖，表明穿戴和覆盖合适。由于婴儿心脏收缩的力量相对成人较弱，正常情况下血液到达手指和脚趾相对较少，就会稍凉。如果过于暖热，反而说明给宝宝穿戴或覆盖过度。最简单的原则就是与父母穿得一般多，甚至稍少一些。

第2个月 吃吃睡睡玩玩真幸福

宝宝可以熟练地吸吮奶，体重比1个月之前明显增加了，个子也长高了不少。总想自己活动手脚，听觉、视觉等感觉器官发育得很好，睡眠时间有所减少。这个时期父母最重要的就是陪宝宝玩耍，这将有助于促进宝宝的智力发育。

宝宝成长档案

生理指标	男宝宝	女宝宝
体重（千克）	3.5~6.8	3.3~6.1
身长（厘米）	52.9~63.2	52~63.2

宝宝发育特点

手能张开

腿部力量增大

能看见约1米内的景物，会反射性地眨眼

能分辨声音的方向

眼睛会追随着妈妈

会用哭声来表达要妈妈爸爸抱

有时会发出笑声

育儿要点提醒

✿ 金水水，银水水，不如妈妈的奶水水

宝宝满月后就进入快速生长的阶段，对各种营养的需求也随之增加。虽然宝宝的食量增加了，一般情况下，母乳是足以满足健康宝宝营养需求的。

✿ 宝宝夜间喂奶注意事项

1. 可以逐渐延长喂奶的间隔。
2. 保持坐姿喂奶。
3. 不要让宝宝含着乳头睡觉。

✿ 增加母乳的方法

1. 坚持母乳喂养的信心。
2. 多多喂奶。
3. 多和宝宝接触。
4. 食物催乳。
5. 药物催乳。

✿ 保护宝宝小屁屁

1. 及时清洗、更换纸尿裤或尿布。
2. 穿纸尿裤少用爽身粉。

✿ 宝宝良好睡眠的重要性

睡眠对宝宝的健康成长和智力发育是极其重要的。良好的睡眠，可以促进宝宝的身体发育，增强宝宝的智力和体力。

✿ 认识囟门

宝宝出生后，颅骨尚未发育完全，有一点缝隙，在头顶和枕后有两个没有颅骨覆盖的区域，就是我们通常所说的前囟门和后囟门。

宝宝出生时，前囟门大小约为1.5厘米×2厘米，平坦或稍有凹陷；宝宝1岁至1岁6个月时，前囟门完全闭合。后囟门则在宝宝6~8周时闭合。

前囟门
顶骨
后囟门
枕骨

囟门闭合的过程

膳食营养补给站

❀ 本月宝宝营养需求

从这个月开始，宝宝进入了一个快速生长期，对各种营养素的需求量迅速增加。

宝宝可以完全靠母乳摄取所需的营养，不需要添加辅助食品。如果母乳不足可添加配方奶粉，不需要补充其他任何营养品。

在这个阶段，宝宝每天的喂奶量大致可按每千克体重100~125毫升计算，但每个宝宝的食量不同，活动量也不同，不能强求一致，可根据宝宝的进食特点和消化功能来调整喂奶量。

❀ 母乳仍是宝宝的最佳食品

本月虽然宝宝的食量增加了，一般情况下，母乳是能够满足健康宝宝营养需求的。但由于妈妈心理、生理等因素，有可能造成母乳不足，这时不应轻易断掉母乳，改喂配方奶粉。

只要妈妈保持心情愉快，有母乳喂养的决心，多吃些能促进乳汁分泌的食物，相信不久妈妈的乳汁又会很丰富了。

❀ 宝宝拒绝吃奶应及时就医

如果宝宝突然拒绝吃奶或者一喂奶就哭闹，可能是由身体不适引起的，爸爸妈妈应该注意观察，必要时可到儿科找医生查看。宝宝拒绝吃奶一般会有以下几种常见原因：

1. 宝宝吃奶时哭闹，害怕吮奶，这可能是宝宝口腔内有创面，吮奶时由于碰触而引起疼痛。宝宝患鹅口疮时通常会这样，建议找医生对创面进行消炎处理。

2. 宝宝吃奶时精神不振，出现厌吮，可能是因为宝宝患了消化道疾病，应尽快去医院诊治。

3. 宝宝吃奶时，吃一下就不吃了，用嘴呼吸，可能是由鼻塞引起的，应为宝宝清除鼻内的异物，如果自己不能处理，尽快去医院找医生帮忙。

如果母乳不足，可以每次喂奶都让宝宝先吃母乳，再用配方奶粉补齐。因为如果奶受憋，乳汁分泌会减少，而母乳吃得越空，分泌得越多。因此，不要攒母乳，有了就喂，慢慢地或许宝宝就够吃了。

宝宝如用母乳喂养，就不要在喂奶间隙加喂糖水或配方奶粉。否则，宝宝如果习惯了用不费力的奶瓶，就不愿吃需要吸吮的母乳了。另外，宝宝得到满足后，会减少吃母乳的次数，从而进一步导致乳汁不足。

❀ 母乳不足要添加配方奶粉

如果新妈妈的母乳实在不够宝宝吃，就要进行混合喂养了，添加点配方奶粉给宝宝喝。

冲配方奶粉的方法：

1. 洗净双手，洗净奶瓶。

2. 将约50℃的温开水倒入奶瓶，不要先放奶粉再放水。

3. 按照配方奶粉要求的比例增加奶粉，不宜过浓或过淡，搅匀即可。

选择奶粉的注意事项

1. 包装要完好无缺，不透气。

2. 奶粉外观应是淡黄色粉末，颗粒均匀一致，没有结块，闻之有清香味，用温开水冲调后，溶解完全，静置没有沉淀物，奶粉和水无分离现象。

潮妈
育儿新招

硅胶乳头保护贴
——防咬伤、防皲裂

柔软无味的硅胶材质给乳头最佳的呵护，超薄的质地丝毫不影响宝宝顺畅吃奶，是防止哺乳期内咬伤及乳头皲裂、破溃的理想产品。其完美贴合乳头的设计，适合于扁平、短小或内陷的乳头使用。还能有效防止乳晕的色素沉着，让爱美的妈妈更好地呵护自己。

配方奶粉一般分婴儿配方奶粉、较大婴儿及幼儿配方奶粉等，要仔细阅读说明书，严格按照说明来喂养

新妈妈催乳食谱

小米红糖粥

补血，下乳

材料 小米、大米各50克。
调料 红糖适量。
做法
1. 小米、大米淘洗干净。

2. 锅置火上，倒入大米、小米和适量清水大火烧沸，转小火熬煮至米粒熟烂，加红糖搅匀即可。

青椒牛肉片

补充优质蛋白质

材料 牛肉200克，青椒150克。

调料 植物油、盐、葱末、姜末、淀粉各适量。

做法

1. 将牛肉洗净，切成薄片，加水、淀粉抓拌均匀，下入七八成热的清水锅中，余熟捞出，沥水；青椒洗净，去蒂及子，切片。

2. 净锅置火上，放入植物油烧热，放入肉片迅速翻炒至肉变色，放入葱末、姜末略炒一下，再倒入青椒炒匀，加入盐调味即可。

科学护理指南

❀ 认识宝宝的囟门

囟 门	定 义	闭合时间
前囟门	在头顶部略前方有一凹陷部位，这是包住头部的 4 块头骨尚未完全闭合所形成的间隙	要到宝宝 1~1.5 岁才能闭合
后囟门	在头部后方的间隙	在宝宝 6~8 周时闭合

囟门是反映宝宝健康与否的窗口

1. 囟门鼓起可能是颅内感染、颅内肿瘤或积血积液等。

2. 囟门凹陷多见于因腹泻等脱水的宝宝，或者营养不良、消瘦的宝宝。

3. 囟门早闭指前囟门提前闭合。此时必须测量宝宝的头围，如果明显低于正常值，可能是脑发育不良。

4. 囟门迟闭指宝宝 1 岁半后前囟门仍未闭合，多见于佝偻病、呆小病等。

5. 囟门过大可能是先天性脑积水或者佝偻病。

6. 囟门过小很可能是小头畸形。

在囟门完全闭合之前，不要过度压到这个部位，头部最好保持凉快。

为了宝宝的健康成长，爸爸妈妈清洗宝宝囟门时，切勿用力按压囟门

✿ 一吃就拉应对方法

人们都说小孩是直肠子，一吃就拉。这个月的宝宝就会出现这种情况。刚给宝宝换上尿布，抱起来吃奶，没吃几口，就听到拉屎的声音。这时不要急于换尿布，否则会打断宝宝吃奶，导致吃奶不成顿，还容易加重溢奶，增加护理的负担。所以，妈妈应该任其去拉，等到宝宝吃完奶拍嗝后再换。

需要注意的是，不马上更换尿布，宝宝容易发生尿布疹，可以在给宝宝洗净臀部后，涂抹一些鞣酸软膏，防止红臀。

✿ 带宝宝进行室外空气浴

宝宝空气浴的好处	开始空气浴的时间	空气浴注意事项
1. 让宝宝呼吸到新鲜空气，促进宝宝体内的新陈代谢 2. 在室外，让宝宝晒晒太阳，接触到紫外线，可以促进宝宝体内维生素 D 的合成，帮助宝宝吸收钙质，促进骨骼发育 3. 一般来说，室外的空气温度比室内低，宝宝在户外多活动，可使皮肤和呼吸道黏膜受到冷空气的刺激与锻炼，从而增强对外界环境的适应能力和对疾病的抵抗力，提高免疫力	一般来说，宝宝满月后就可以带到户外进行空气浴了	刚开始时，每天外出几分钟，慢慢可延长至1~2小时 夏季，宜选择早晚阳光不是很强烈的时候，进行室外空气浴，并注意不要让宝宝的皮肤直接在日光下暴晒 冬天，最好在中午气温较高的时候外出，天气较暖时，还可以让宝宝的头部、手部等皮肤露出，接触阳光

妈妈带宝宝外出晒太阳的时候，要注意保护宝宝的眼睛，避免强烈的光线刺伤宝宝眼睛

❋ 及时关注宝宝的尿便

这个月，宝宝尿的次数减少了。新生儿可能每十几分钟就尿一次，现在，宝宝会在每次醒后排尿，每一次尿量增加，虽然排尿次数减少，但尿的总量没有减少，甚至还有所增加。

纯母乳喂养的宝宝，大便次数仍然和第1个月差不多，一般6次以下就不算异常。极个别的宝宝会一天排便10余次，甚至每块尿布上都有一点大便，比尿还勤，这也不一定是异常的。如果大便的性状比较好，宝宝的生长发育正常，就不需要吃药；如果大便带水，或大便次数突然增加，就要向医生咨询是否有乳糖不耐受或其他问题。

❋ 呵护宝宝的小屁屁

及时清洗、更换纸尿裤或尿布

天热时，宝宝摄取的水分会有所增加，排泄的次数也会增加，很容易尿湿，所以，即使选用超薄型纸尿裤，妈妈也不能掉以轻心，要经常关注宝宝的表现，及时更换纸尿裤或尿布。而且，尽量每次都清洁屁屁，特别是大便后要及时用温水清洗，并抹上护肤油或松花粉，滋润皮肤，减少摩擦。

穿纸尿裤少用爽身粉

再薄的纸尿裤也会使里面的温度升高，因此捂上纸尿裤的小屁屁会经常出汗，如果皮肤上有爽身粉，会因潮湿变成粉泥，加重皮肤污染。

妈妈要给宝宝选择质量好的纸尿裤，这样可以避免宝宝受到伤害

伸手抓

爸爸拿出一个小玩具靠近宝宝，鼓励宝宝拱起脖子，看清视线里面的玩具，甚至会伸手去抓住这个玩具。这时，爸爸可以让宝宝抓住握两分钟，如果宝宝丢弃玩具，可以再重复做两次。

宝宝安睡小良方

睡眠对宝宝的健康成长和智力发育是极其重要的。良好的睡眠，可以促进宝宝的身体发育，增强宝宝的智力和体力。因此，爸爸妈妈需要细心关注宝宝的睡眠，培养宝宝良好的睡眠习惯，让宝宝睡得安稳香甜。

1. 室温以18~25℃为宜，并保持室内空气流通。

2. 睡觉时不要穿得太厚，衣服以宽松柔软为佳。

3. 不要让宝宝在白天玩得太疲劳，睡前也不要让宝宝过于兴奋。

4. 宝宝的被子要随季节更换。

看着宝宝安静、甜美地睡觉，妈妈感觉好幸福哦！

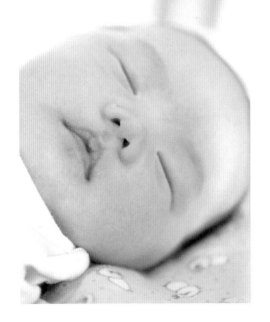

宝宝婴语解密

怕水

宝宝自述

我已经1个多月了，能吃能睡，身体也壮壮的。但妈妈总说我洗澡的时候哭闹，一点也不乖。其实，我不喜欢的是妈妈紧张的样子，生怕我感冒，而且洗完澡就裹得我喘不过气来，我反抗也不行。洗澡真是一件令人讨厌的事情呀！

婴语解析

有些宝宝不喜欢洗澡，一进澡盆就又哭又闹。出现这种情况可能是因为以前洗澡时有过不愉快的经历。

育儿直通车

在给宝宝洗澡时，父母的情绪要放松，不要紧张地板着脸，这种情绪是会传染给宝宝的。宝宝不喜欢洗的时候不要强迫。其实，宝宝并不需要每天洗澡，在他特别抗拒的时候用温水帮他擦擦身体也很好。此外，还可以放点宝宝喜欢的音乐，温柔地给宝宝唱歌，和他讲话，鼓励宝宝拍水玩耍，这样可以让宝宝愉快地度过这段时光。

🏥 家庭医生

❀ 宝宝夜啼不止

现在的宝宝不会说话，那么，哭就是宝宝唯一向外界表达自己感情的方式，宝宝哭的原因有很多种，饿了、尿了、身体不舒服了、受到惊吓了……家长要找到宝宝哭的原因，对症解决问题。很多宝宝白天睡觉睡得好好的，可是到了晚上就扯着嗓子开哭了，搅得一家人都跟着手忙脚乱，不知道该怎么办。

对于夜啼不止的宝宝，很多家长担心宝宝是不是生病造成的，宝宝夜啼表现为白天安静如常，入夜就啼哭。一夜哭两三次的宝宝是很多的。小儿夜啼有生理性和病理性两种。

1.生理性夜啼哭声响亮，宝宝精神状态和面色正常，食欲良好，无发热等。

如果是生理性夜啼，那么要想避免宝宝夜啼，就要给宝宝培养一个好的睡眠习惯。

·让宝宝养成良好的作息规律，白天不要让宝宝睡眠过多，晚上则要避免宝宝临睡前过度兴奋。

·宝宝的卧室要保持安静，并且温度适宜。

2.病理性夜啼是宝宝因患有某些疾病而身体不适所引起的，表现为突然啼哭，哭声剧烈、尖锐或嘶哑，呈惊恐状，四肢屈曲，两手握拳，哭闹不休。还有的宝宝会有烦躁、精神萎靡、面色苍白、吸吮无力甚至拒绝吃奶的症状。

病理性的夜啼家长就要及时带他到医院进行诊治。

❀ 奶痂

宝宝在出生的时候，在皮肤的表面有一层薄薄的油脂，是皮肤和上皮细胞分泌形成的物质，这些分泌物和灰尘聚集在一起，就会形成奶痂。

一般情况下，奶痂是不会影响宝宝健康的，这在刚出生的婴儿当中很常见，妈妈不要为此担心，等过段时间就会自行脱落的。

如果想要给宝宝去掉头上的奶痂，可以用甘油或开塞露涂在奶痂上浸泡，等到奶痂变得柔软，轻轻一擦就自行脱落了。妈妈不要急于一次性弄干净，每天弄一点，慢慢弄净。如伴有湿疹，可能去不掉，但是随着月龄的增加，会慢慢减轻的。

❀ 红臀

红臀，也就是我们通常说的"红屁股"，也叫作尿布疹，是一种常见的婴儿皮肤病。

症状表现主要发生在婴儿裹尿布的部位，因为长期尿布潮湿，不透气，加上宝宝本身的皮肤娇嫩，所以很容易因为刺激产生潮红、红疹等情况。

宝宝出现红臀，开始的时候是在每侧的臀部的中心出现两块红晕，然后会慢慢扩大，形成小丘疹，出现破损、糜烂。一旦发现红臀，要及时处理，如果红臀导致肛周皮肤溃破，细菌会侵入，造成肛周脓肿。

怎样保护好宝宝的小屁屁呢？

1. 及时更换尿布或纸尿裤，避免小屁屁长时间受到刺激。

如果给宝宝用的是棉尿布或纱布尿布，一定要质地柔软，应用弱碱性肥皂洗涤，并在阳光下暴晒杀菌。

2. 纸尿裤要选择品质好、有超强的吸水力、柔软且无刺激性、透气性好的。

3. 大便后，要用清水冲洗一下小屁屁，并用干爽的毛巾擦干，让宝宝的臀部在空气中晾一会儿，待干后再包上尿片，保持皮肤干燥。

4. 要是宝宝出现了红臀，可用护臀霜或鞣酸软膏，使用时注意只用很少一点点。在宝宝的屁股上非常薄地轻轻地涂抹一层，然后轻轻拍打周围的皮肤帮助吸收。涂抹得过多过厚，容易造成毛孔堵塞，反而会加重红臀。

要勤换纸尿裤，避免宝宝屁股潮湿，出现红臀的情况

宝宝智力加油站

大动作能力

踢彩球

方法 准备几个彩色塑料球或彩色气球，用细线吊在宝宝小脚上方5~10厘米处，保证宝宝能看得到，也能伸腿碰得到。让宝宝仰卧，妈妈用手触碰彩球，让它们动起来，并配合声音和动作吸引宝宝的注意力。

目的 活动宝宝的双腿，锻炼宝宝的下肢肌肉。

 专家指导建议

宝宝如只是看着，没有伸腿去踢的动作，妈妈可拉着宝宝的小脚触碰气球，碰到时惊喜地对着宝宝欢笑或用肯定的声音鼓励宝宝。

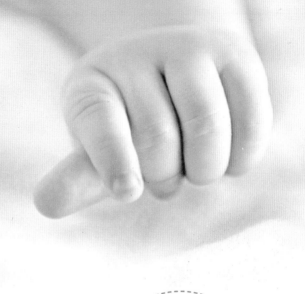

十指游戏

 方法 宝宝睡醒后，让其仰卧在床上，面朝着妈妈，给他的手上系一根彩色布条或一个响铃，妈妈拉着宝宝的小手慢慢晃动，同时用十指轻轻抚弄宝宝的十指。让宝宝边看自己的小手边摆弄自己的小指头或手腕上的布条或响铃。

 目的 训练手部触摸和抓握能力。

精细
动作能力

专家指导建议

妈妈可以在游戏过程中揉揉宝宝的小指头，拉着宝宝的左手食指在右手心画圈；拉着宝宝两只小手互相对拍；拉着宝宝的小手拽布条等。

宝宝，我是妈妈

方法 妈妈经常有意识地与宝宝对话，比如宝宝醒了，妈妈就说："宝宝醒了，是谁抱你呢？""宝宝，我是妈妈。"妈妈在给宝宝喂奶、换尿布时，要坚持和宝宝说话，或给宝宝唱儿歌。

目的 提高宝宝说话的热情，刺激宝宝的语言发展。

专家指导建议

　　妈妈在与宝宝交流时，应用眼睛注视着宝宝，并面带微笑，语音要轻柔，表情要丰富。

语言能力

宝宝能力测评

1. 对喜欢的图画笑，对不喜欢的图画一扫而过，表现分明。　　是☐　否☐

2. 能向左右追视达180°，头和眼同时转动。　　是☐　否☐

3. 看手，仰卧时伸手到眼前观看10秒以上。　　是☐　否☐

4. 对妈妈的声音能转头观看。　　是☐　否☐

5. 把物体放入手心能握紧达1分钟。　　是☐　否☐

6. 高兴时能发出3个元音，如"啊""哦"等。　　是☐　否☐

7. 饥饿时听到脚步声或奶瓶声会停哭等待。　　是☐　否☐

8. 俯卧抬头时，下巴可以短暂离床。　　是☐　否☐

9. 竖抱时，头直立不用扶持。　　是☐　否☐

10. 扶腋下在硬板床上自己能迈10步。　　是☐　否☐

评分结果

答是加1分，答否得0分。
9~10分，优秀；7~8分，良好；5~6分，
一般；5分以下，宝宝需要加强训练。

育儿疑问专家连线

Q 宝宝的小便次数减少了，是缺水了吗？

A 新生儿小便次数较多，几乎每十几分钟就尿一次，一天更换几十块尿布，也看不到干爽的。但随着月龄增加，宝宝排尿次数会逐渐减少，尿量却比原来大多了，原来垫两层就行，现在垫三层也会湿，甚至把褥子都尿湿了，这并不是宝宝缺水。但在夏季，天气热，宝宝尿尿次数减少、量不多、嘴发干，这是缺水了，应注意补充。

Q 宝宝爱用手抓脸，是不是哪里不舒服？

A 快2个月的宝宝，会用手抓脸，一个原因是习惯性动作，另外也可能是因为脸上皮肤干痒、皮肤长了湿疹，或者衣服穿得太多太热了。要逐一排查这些因素，同时要注意让宝宝保持指甲短一些。

Q 宝宝一到晚上就开始哭，怎么办？

A 如果确定宝宝没有身体上的问题，父母就不要急躁，不要过分哄。妈妈不要过分上火唠叨，爸爸更不要因为妈妈着急就越发急躁。在这种环境下，宝宝会越哭越厉害，而且会与日俱增。1~2个月的宝宝已经能够感觉到爸爸妈妈的语气。愤怒和抱怨的语气会使安静的宝宝变得烦躁，会使快乐的宝宝哭起来。父母要心平气和地对待宝宝的哭闹，只是单纯哭闹，而没有其他异常的情况，可拍拍宝宝，让宝宝慢慢地安静下来。

Q 宝宝出现脱发，是不是营养不良了？

A 脱发是生长过程中的一种生理现象。随着月龄增加，开始添加辅食，脱落的头发会重新长出来。此外，胎儿期的头发与母亲孕期营养有关，出生后与遗传、营养、身体状况等多种因素有关。

Q 宝宝的大便稀溏，患肠炎了？

A 大便可能会夹杂着奶瓣，发稀，这不要紧，不要认为是宝宝消化不良或患肠炎了。大便次数也可能会增加到每日6~7次，这也是正常的。只要宝宝吃得很好，腹部不胀，大便中没有过多的水分或便水分离的现象，就不是异常的。

Q 宝宝吃奶的时间延长，是奶量减少了还是生病了？

A 新生儿的吸吮力弱，胃容量小，睡眠多，妈妈的乳量也少，吃奶的间隔也短。随着宝宝月龄的增加，吸吮力增强，妈妈会抱着喂奶了，吸吮速度明显增快，妈妈的乳量也充足了，所以，吃奶时间会缩短，间隔时间会延长，这是好现象。如果奶少，不够吃，宝宝会用哭闹来表现。如果宝宝生病了，吸吮力会减弱，会有一些不正常的表现，妈妈要留意。

Q 怎么给宝宝清理眼屎？

A 宝宝在1~2个月，眼分泌物很多，容易长眼屎，而且许多宝宝出于生理上的原因，会倒长睫毛，使眼睛受刺激，眼屎会更多。在洗完澡后或眼屎多时，可用脱脂棉蘸点水，由内眼角往眼梢方向轻轻擦，但别划着眼结膜、眼球。需要注意的是，如眼屎太多，擦不干净，或出现眼白充血等异常情况时，应到医院检查，看有无异常情况。

Q 我家宝宝的头发长得很快，显得乱蓬蓬的，怎么理发？

A 刚出生1~2个月的宝宝，头发一般长得慢，有的宝宝头发好像被磨掉了似的，显得光秃秃的；但有的宝宝头发长得很快，显得乱蓬蓬的，就需要将过长的部分剪掉。因为宝宝还小，皮肤很嫩，还不能用剃刀，否则容易伤到皮肤，造成细菌感染，只需要用剪刀剪短就行，免得积聚灰尘、汗垢和溢脂。

第3个月 快围观呀，宝宝要表演翻身喽

本月是宝宝体格发育最快的时期，宝宝对周围的环境产生了兴趣，觉醒的时间也比较多了，还特别喜欢亲近自己熟悉的人。3个月的宝宝能笑出声来。宝宝开始注意自己身体以外的环境，能倾听周围环境中的声音。最重要的是，宝宝可以自己翻身喽。

宝宝成长档案

生理指标	男宝宝	女宝宝
体重（千克）	4.1~7.7	3.9~7.0
身长（厘米）	55.8~66.4	54.6~64.5

宝宝发育特点

听到妈妈的声音会笑出声

抓着东西就想放进嘴里尝尝

对周围的好奇心越来越强烈

能较长时间抬头

吸吮自己的拳头和拇指

能看清物体较细小的部分

会伸手抓玩具

身体变直，腿能伸展开

大人扶着站立时跃跃欲试地想跳

育儿要点提醒

❀ 按需喂养就可以

实际上，计算每日宝宝所摄入多少热量没什么太大必要。绝大多数宝宝都知道饱饿了，按照宝宝自己的需要供给热量就行。

❀ 慎重更换给宝宝选的奶粉

一般说来，如果选定了一种品牌的奶粉，没有特殊的情况，就不要轻易更换奶粉的种类。如果频繁更换，容易导致宝宝消化功能紊乱和喂哺困难。

❀ 宝宝开始希望有人陪着玩

2~3 个月的宝宝觉醒的时间开始长了，要人陪着玩了，所以不要只认为宝宝是要吃奶，不要用乳头来哄宝宝。

❀ 警惕尿布疹

1. 及时更换尿布。
2. 便后及时清洗。
3. 皮肤破损及时就医。

❀ 职场妈妈喂宝宝必知

1. 妈妈早上起来，给宝宝喂饱奶。
2. 再挤出一些奶保存在奶瓶里，让宝宝白天喝。
3. 上班时，将挤出来的奶放入冰箱冷冻层中保存。
4. 下了班带回家，放到冰箱里，让宝宝第二天吃。

❀ 宝宝便秘应对策略

1. 如果出现轻微的便秘，可以给宝宝多喂些温热的白开水。
2. 如果宝宝的粪便积聚时间过长，不能自行排出，可尝试用小肥皂条蘸水轻轻插入宝宝肛门来刺激排便。但是，这种方法最好少用。
3. 便秘症状过于严重，最好及时到医院治疗。

膳食营养补给站

❀ 本月宝宝营养需求

第 3 个月的宝宝仍能从母乳中获得所需的营养。对奶的消化吸收能力强，对蛋白质、矿物质、脂肪、维生素等营养成分的需求可以从母乳中获得。

❀ 绝大多数宝宝知道饱饿

实际上，计算每日宝宝所摄入多少热量没什么太大必要。绝大多数宝宝都知道饱饿了，按照宝宝自己的需要供给热量就行。

妈妈总是担心宝宝吃不饱，宝宝已经几次将乳头吐出来，还是不厌其烦地将乳头硬塞入宝宝嘴里，宝宝只好再吃两口。

强迫宝宝吃奶的弊端

宝宝胃口被撑大，热量摄入增加，成为肥胖儿	摄入过多奶，消化道负担不了，干脆怠工甚至罢工，降低宝宝的食欲	总是强迫宝宝进食，宝宝会不舒服，形成精神性厌食。这种情况虽不多见，但一旦形成了，对宝宝的身体健康很不利，一定要避免

❀ 适时给宝宝喂奶

到了第 3 个月，妈妈开始担心自己的奶量是否够宝宝吃，总是试图添加配方奶粉。宝宝一哭就认为是宝宝饿了，就喂奶，使宝宝不断溢奶。这样对宝宝很不好。2～3 个月的宝宝觉醒的时间开始长了，要人陪着玩了，所以不要只认为宝宝是要吃奶，不要用乳头来哄宝宝。

❀ 对不爱吃奶的宝宝要缩短喂奶时间

有的宝宝吃得很少，给奶就漫不经心地吃一会儿，不给奶也不哭闹，没有吃奶的欲望。对这样的宝宝，妈妈就要缩短喂奶的时间，一旦宝宝把乳头吐出来，把头转过去，就不要再给宝宝吃了，过 2～3 个小时再给宝宝喂哺。这样就能保证宝宝每天摄入的总奶量，满足宝宝每天的营养需要。

✿ 职场妈妈要科学储奶

有的妈妈是上班一族，早上起来，要先给宝宝喂奶，再挤出一些奶保存在奶瓶里，让宝宝白天喝。

上班时，带一个手动吸奶器到公司，每隔3小时挤1次奶，将挤出来的奶放在消过毒的杯中，加上盖子放入冷冻库中保存。下了班带回家，放到冰箱里，让宝宝第二天吃。

用挤出来的母乳喂宝宝时，可以在杯外用热水复温后再喂，剩下的可以倒掉。上班族妈妈要有信心，掌握合适的方法，让事业和育儿兼顾。

✿ 给宝宝喂挤出来的母乳的注意事项

解冻方法

1.加热解冻：放在奶瓶中隔水加热（水温不要超过60℃）。

2.温水解冻：用流动的温水解冻。

3.冷藏室解冻：可以放在冷藏室逐渐解冻，24小时内仍可喂宝宝，但是不能再放回冷冻室冰冻了。

饮用要点

在冷藏室解冻，没有经过加热的奶水，放在室温下4小时就可以让宝宝饮用了。

如果是在冰箱外用温水解冻过的奶水，在喂食的那一餐过程中可以放在室温中，如果没有用完，可以放回冷藏室，在4小时内还可以饮用，但是不能再放回冷冻室保存了。

育儿直通车

母乳储存要点

1.在储存挤出来的母乳时，要用干净的容器，如消毒过的塑料瓶、奶瓶、塑胶奶袋等。

2.给装母乳的容器留点空隙，容器不要装得太满或把盖子盖得太紧，以防冷冻结冰而胀破。需要注意的是，如果母乳需要长期存放，最好不要使用塑胶袋。

3.最好按照每次给宝宝喂奶的量，将母乳分成若干小份来存放，每一小份的母乳上贴上标签并记上日期，这样能方便家人或保姆给宝宝合理喂食，还不会造成浪费。

上班族的妈妈这个月可以练习给宝宝喂奶后，外出一段时间，让宝宝适应妈妈不在身边的情况。

新妈妈催乳食谱

清炖鲫鱼

催乳，补钙

材料 鲫鱼 500 克，香菇 25 克。

调料 盐 4 克，葱丝、姜段、香菜段各
5 克，植物油适量。

做法

1. 将鲫鱼去鳞、内脏，洗净；香菇用水
泡发，去蒂，洗净切丝。

2. 锅置火上，倒油烧至六成热，下葱丝、
姜丝略炒，放入鲫鱼略煎，倒入香菇和
适量清水，大火煮开转小火炖至汤白，
加盐、香菜段即可。

银耳木瓜排骨汤

使乳汁分泌通畅

材料　猪排骨 250 克，干银耳 5 克，木
　　　　瓜 100 克。

调料　盐 4 克，葱段、姜片各适量。

做法

1. 干银耳泡发，洗净，撕成小朵；木瓜
去皮、子，切成滚刀块；排骨洗净，
切段，焯水备用。

2. 汤锅加清水，放入排骨、葱段、姜片
同煮，大火烧开后放入银耳，小火慢
炖约 1 小时。把木瓜放入汤中，再炖
15 分钟，调入盐，搅匀即可。

科学护理指南

❀ 养成规律的生活习惯

宝宝每天的吃、睡、活动等日常生活,可以在这一时期养成规律、形成习惯。白天过分文静的宝宝,一般不可能形成夜晚睡眠的规律,也不太可能分辨白天和黑夜。所以白天可以通过晒太阳、散步等,使宝宝意识到白天生活的规律;晚上可以营造安静、昏暗的室内环境,使宝宝意识到晚上睡眠的规律。

需要注意,要始终保持宽松的环境和有序的生活规律,不要通过强制手段来改变宝宝的生活节律,否则会给自己和宝宝带来精神压力。当然,也不是要放任自流,等着宝宝自己突然养成好习惯。可尝试一些灵活方法,尽量使宝宝的生活变得规律。

宝宝养成规律的作息时间,精神状态才能好。看,这宝宝的精神头儿多好啊

潮妈
育儿新招

宝宝体温计
——可测耳温、额温

如果感觉宝宝发热了,可以用宝宝专用体温计测体温。但是测耳温、额温的时候,要避免耳道有过多的耳垢、额头有过多的汗水,否则会影响测量结果。

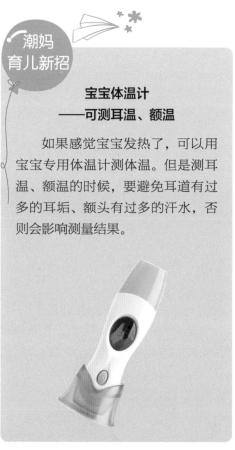

✿ 宝宝哭声的学问

健康性啼哭

传递信息：我很健康。
哭声解读：抑扬顿挫，声音响亮，不影响饮食、睡眠及玩耍。
应对方法：轻轻抚摸他，朝他微笑。

过饱性啼哭

传递信息：肚子好撑。
哭声解读：喂哺后，哭声尖锐，两腿弯曲乱蹬，向外溢奶或吐奶。
应对方法：过饱性啼哭不必哄，哭可加快消化，但要注意溢奶。

尿湿性啼哭

传递信息：尿湿了。
哭声解读：强度较轻，无泪，大多在睡醒或吃奶后啼哭。
应对方法：换上干净的尿布。

燥热性啼哭

传递信息：盖得太多，热。
哭声解读：大声啼哭，不安，四肢舞动，颈部多汗。
应对方法：为宝宝减少衣被。

饥饿性啼哭

传递信息：我饿了。
哭声解读：带有乞求，由小变大，很有节奏，不急不缓。
应对方法：一旦喂奶，哭声就停止。

口渴性啼哭

传递信息：我口渴了。
哭声解读：表情不耐烦，嘴唇干燥，时常伸出舌头，舔嘴唇。
应对方法：给宝宝喂水。

寒冷性啼哭

传递信息：我好冷啊。
哭声解读：哭声低沉，有节奏，肢体稍动，小手凉，嘴唇紫。
应对方法：为宝宝加衣被。

困倦性啼哭

传递信息：好困，但还舍不得睡。
哭声解读：啼哭呈阵发性，一声声不耐烦地号叫。
应对方法：让宝宝在安静的房间里躺下来。

❀ 喜欢抱着睡的宝宝巧应对

有的宝宝需要抱着才能睡好，只要放到床上，睡得就不安稳，半个小时就会醒来，如果抱着睡，能睡好几个小时。这是很多新手父母会遇到的问题，从某种程度上说，这是父母的问题而不是宝宝的问题。良好的睡眠习惯是需要父母帮助宝宝建立起来的。

宝宝都喜欢妈妈温暖的怀抱，如果宝宝哭得很厉害，需要父母的关心，或者遇到了问题，需要父母的帮助，父母能够积极回应，就会让宝宝得到安慰，增加对人的信任。但也不能一味迁就宝宝，要允许宝宝有自己的空间，不要动不动就去干扰宝宝，不让宝宝哭一声。如果宝宝在睡眠中伸个懒腰、打个哈欠、皱个眉头……父母就立即去抱或者拍，就会干扰宝宝。

此时，父母可以反应慢半拍，让宝宝自己去适应。如果父母整日抱着宝宝睡觉，宝宝自然不会拒绝父母抱着他睡，慢慢地就会养成习惯。另外，大人在抱宝宝时只能是以两只手臂作为支撑点，所以，抱着宝宝睡觉对宝宝骨骼生长发育也不好。

奶爸育儿经

认识事物

爸爸将几把钥匙消毒后，套在小环上，就是个很理想的发响玩具和认知玩具。爸爸摇晃着钥匙，发出声音，吸引宝宝的注意力。然后，告诉宝宝这是钥匙，是用来开门的，然后在门上演示一下，宝宝会觉得新奇而有趣。

◈ 尿布疹应对策略

及时更换尿布

不管是尿布还是纸尿裤，及时更换都是对付尿布疹的法宝。很多妈妈认为尿布湿了就要换，而纸尿裤吸水性好，还有隔水层保护皮肤，但是再好的吸水材料也有吸收的限度，况且纸尿裤紧贴在宝宝娇嫩的皮肤上，既不舒服也不卫生。所以，保护宝宝的小屁屁关键就是及时更换尿布或纸尿裤。

便后及时清洗

最好每次换尿布或纸尿裤后都清洗宝宝屁屁，然后擦干屁屁，也可涂一层护臀霜，稍晾后再换上干净的尿布或纸尿裤。

皮肤破损及时就医

如果发现宝宝屁屁有破损或者发红，自行处理 3 天后仍不见好转，需要及时就医。

宝宝婴语解密

流口水

宝宝自述

我 3 个月了，最近我的嘴巴就像打开了的水阀，口水哗哗地流。妈妈很奇怪："现在还不到长牙的时候啊，怎么开始流口水了？"其实，我的口水分泌增强了，但还不知道怎么吞咽！妈妈快点教我吞咽吧。

婴语解析

宝宝出生时唾液腺发育差，分泌消化酶的功能尚未完善，到了 3 ~ 4 个月，唾液腺分泌增多，但还不会吞咽，就会发生生理性流口水。随着月龄增加，到出牙和添加辅食时口水会明显增多，这是正常的。6 个月后随着咀嚼、吞咽动作的协调发育，流口水的现象会逐渐消失。如在这一时期患口腔炎，宝宝的口水会突然增多，常伴有食欲不佳或哭闹等症状，须到医院就医。

育儿直通车

家长可以当着宝宝的面做夸张的吞咽动作，教宝宝怎样咽口水。随时注意为宝宝擦去口水，擦时不可用力，轻轻拭干即可，以免损伤宝宝的肌肤。给宝宝擦口水的手帕要质地柔软、以棉布为主，而且要经常洗涤。最好给宝宝围上围嘴，以防口水弄脏衣服。

家庭医生

❀ 宝宝湿疹预防及应对

预防措施

1. 宝宝的贴身衣物最好是松软宽大的棉织品或细软布料。

2. 最适合的衣物是棉花料的夹袄、棉袄和绒布衫等。

如何应对

1. 宝宝的头顶如出现硬痂，可在洗澡前20分钟抹匀婴儿油，用温水轻轻冲洗，多洗几次自然会掉。

2. 宝宝洗澡时，仅仅用清水，不要用其他洗护产品了。

3. 母乳喂养的妈妈最好避开牛奶、鸡蛋，能减轻宝宝的湿疹。

4. 宝宝的贴身衣物最好常在阳光下晾晒，能起到消毒的作用。

育儿直通车

宝宝如果血液中的免疫球蛋白E增多，就是先天容易过敏的遗传体质，容易出现湿疹。

湿疹一般在出生后10～15天，脸上有小红疙瘩、眉毛上有浮皮样的物质等，屁股上也容易出现尿布疹。

1～2个月是湿疹经常出现的时期。到了3个月，宝宝湿疹会更重，头顶上会结一层很硬的脂肪性疮痂，脸上也有。宝宝会比较痒，用手不停地抓挠。

清洗宝宝的衣服要用婴儿专用的洗衣液，并且要在阳光下暴晒，进行自然消毒

❀ 特殊胎记早发现

不少宝宝在出生时，身上会有大大小小的胎记，肩上、背上，甚至整个小屁股上都长满了，妈妈需要留心观察。

有资料表明，中国宝宝的胎记出现率达 90% 以上，绝大多数为东方人特有的蒙古斑，呈暗青色或淡灰青色，通常长在屁股上，也可能分散在腰部、背部等处，呈圆形、椭圆形或不规则的方形。蒙古斑只是沉淀在皮肤表面的色素而已，不需要处理，一般在宝宝 5 岁前就能自动消失，有的甚至几个月或者 100 天的时候就消失了。

宝宝的胎记如果是红色、淡紫色或深蓝色，则要警惕宝宝患有血管瘤。血管瘤是常见的婴幼儿先天性良性肿瘤，常见于头面部、颈部，其次为四肢、躯干。还有些胎记稍突出于皮肤表面，有些呈现大小不等的结节。

妈妈需要密切观察胎记的变化，比如血管瘤仅仅是随着身体的长大而适当增大或停止增长，就不必急于处理；而对于发展较快、妨碍器官功能或影响正常发育的血管瘤，则应尽早治疗。

❀ 宝宝便秘怎么办

便秘的表现

宝宝到了这个月，容易发生便秘。宝宝如果出现大便次数减少、大便干硬甚至拉不下来，就是便秘了。特别是人工喂养的宝宝，由于配方奶粉容易导致宝宝"上火"，如果水分不足，容易引起便秘。母乳喂养的宝宝可能因为母乳不足而引起便秘。

应对策略

1. 如果宝宝出现轻微的便秘症状，可以给宝宝多喂些温热的白开水，或者适当添加些菜汁、果汁等。

2. 宝宝的便秘如果比较严重了，粪便积聚时间过长，不能自行排出，可尝试用小肥皂条蘸水轻轻插入宝宝肛门，或者给宝宝用开塞露，来刺激排便。但是，这些最好少用。

3. 便秘症状过于严重，最好及时到医院治疗。

宝宝适量喝一些果蔬汁，可以缓解因为母乳不足引起的便秘情况

宝宝智力加油站

翻身训练

 方法 在宝宝左侧放一个好玩的玩具，再把他的右腿放到左腿上，再将其一只手放在胸腹间，轻托其右边的肩膀，在背后往左推宝宝，宝宝就会向左转。让宝宝仰卧在床上，拿着宝宝感兴趣的玩具分别在两侧逗引。

目的 让宝宝学会翻身。

 专家指导建议

在训练宝宝翻身时，应先从仰卧位翻到侧卧位，再回到仰卧位，一天训练2~3次，每次训练2~3分钟。

大动作能力

触碰玩具

方法 妈妈将宝宝抱在怀里，让宝宝仰卧，面向妈妈，妈妈微笑着注视宝宝，以引起宝宝的注意。妈妈提着毛绒球在宝宝眼前晃动，然后用毛绒球轻轻地在宝宝的脸上、脖子上碰触，刺激宝宝用手抓球。

目的 让宝宝的双手更加灵活，增加手和眼的协调性。

精细动作
能力

🐥 专家指导建议

跟宝宝玩游戏的时间不要太长，要以宝宝开心、舒适为前提，每个动作重复 3 次即可。

找妈妈

方法 爸爸先抱着宝宝，让爷爷、奶奶、妈妈和周围的邻居、亲属站在对面，抱着宝宝慢慢地从这些人当中走过，这个时候宝宝会在接近妈妈的时候表现出快乐兴奋的表情，还会手舞足蹈。

目的 让宝宝学习分辨不同人的特征，熟悉妈妈，增进和妈妈的亲近关系。

 专家指导建议

只有经常逗宝宝的爸爸妈妈才能够让宝宝做出这样的反应，所以为了宝宝良好的身心发展，爸爸妈妈要多陪宝宝玩耍。

认知能力

宝宝能力测评

1. 见到妈妈主动投怀。 是□ 否□

2. 头颈活动，上下左右环形追视红球。 是□ 否□

3. 互相抓握玩耍，抓脸、衣服、被子等。 是□ 否□

4. 当带有铃铛的绳子套在某一肢体上时，宝宝知道动这一肢体使铃铛响。

是□ 否□

5. 见到熟人会笑，也会对着镜子笑。 是□ 否□

6. 要撒尿时，会有提示，白天开始少尿床了。 是□ 否□

7. 能由俯卧位转为侧卧位。 是□ 否□

8. 能抬起半胸用肘支撑上半身。 是□ 否□

9. 当家长双手从两侧托胸前举起宝宝时，宝宝的头、躯干和髋部成直线，膝屈呈

游泳状。 是□ 否□

10. 扶着宝宝腋下能在硬床上迈 10 步。 是□ 否□

评分结果

答是加 1 分，答否得 0 分。
9~10 分，优秀；7~8 分，良好；5~6 分，
一般；5 分以下，宝宝需要加强训练。

育儿疑问专家连线

Q 对不爱吃奶的宝宝，该怎么应对？

A 实际上，宝宝的个体差异很大，有的宝宝就是吃得少，好像从来不饿，给奶就漫不经心地吃一会儿，不给奶也不哭闹，吃奶的欲望比较小。这样的宝宝，妈妈可缩短喂奶时间，一旦宝宝将乳头吐出来，转过头去，就不要再给宝宝吃了，过两三个小时后再给宝宝吃，这样每天摄入的奶量总量并不少，足以提供宝宝每天的营养需要。

Q 出现睡眠问题，怎么办？

A 最好让宝宝自然入睡，养成宝宝的睡眠习惯，避免出现睡眠问题。即使出现一些睡眠问题，如哪一天睡得少了、哪一天晚上不好好睡了、睡醒后哭闹了等，都是正常的。如果父母过度担心、着急、焦虑，反而会使宝宝产生不良反应，增加对父母的依赖。对于宝宝偶然出现的睡眠问题，可以采取冷处理，让宝宝有一定空间自行调节。

Q 睡得很香的宝宝，用叫醒喂奶吗？

A 这个月宝宝吃奶间隔时间可能会延长，可从 3 小时一次，延长到 4 小时一次。到了晚上，可能延长到六七个小时一次，妈妈可以睡长觉了。不要因担心宝宝饿坏而叫醒睡得很香的宝宝。睡觉时，宝宝对热量的需要量减少，上一顿吃进去的奶量足以维持宝宝所需的热量。

Q 如何给宝宝喂药？

A 药物说明书上的每日用药 3 次，是指间隔 8 小时吃一次，家长可以选择 8 时、16 时、24 时各口服一次。喂药时不要采取撬嘴、捏紧鼻孔的方法强行灌药，这样更容易造成宝宝的恐惧感，宝宝挣扎后很容易呛着。1 岁以内的宝宝使用小滴管喂药最适宜。宝宝吃药时，要选择半坐位姿态，轻轻把住四肢，固定住头部，防止喂药时呛着宝宝或误吸入气管。

Q 宝宝脸上起皮，有什么好的解决办法？

A 如果是脸上、手上、脚上都起皮的话，在刚出生的 2 个月内属于正常现象，不用担心。婴儿皮肤最上层表皮的角化层，由于发育不完善，容易脱落。另外婴儿连接表皮和真皮的基底膜不够发达，细嫩松软，使表皮和真皮连接不够紧密，表皮脱落的机会就多，不必担心！

宝宝起皮也有可能是湿疹或家中过于干燥，如果有小红疹可外用治疗湿疹的药；如果是干燥，家中要注意加湿，洗脸用温热水，洗后涂抹护肤霜；如果是宝宝湿疹，可能是给宝宝捂得太厚，宝宝太热引起的，适当给宝宝减一点衣服会有改善。另外，宝宝长湿疹尽量不要用水擦洗，因为会越洗越多。

Q 夏季，宝宝如何避免"空调病"？

A **缩小室内外温差：** 一般情况下，在气温较高时，可将温差调到 6~7℃；气温不太高时，可将温差调至 3~5℃。

注意通风： 每 4~6 小时关闭空调，打开门窗，让空气流通 10~20 分钟。

添加衣物： 在空调房里，适当增加衣物或用毛巾被盖住腹部和膝关节这两个最容易受冷刺激的地方。

定时活动： 长期在空调房中，最好定时活动身体。

Q 我家宝宝 3 个多月了，纯母乳喂养，最近一段时间醒的时候不肯吃奶，涨红脸反抗，瞌睡得迷迷糊糊时倒吃得很好，上半夜睡觉，后半夜 2~3 个小时吃一回奶。另外，还有攒肚现象，怎么办？

A 宝宝长大了，对外界的好奇心增强了，有可能吃奶不专心，家长不用过于担心。宝宝出现攒肚现象，建议每天上午给宝宝围绕肚脐顺时针按摩，有助于排便。

第4个月 爱我就多抱抱我

宝宝到了这个月，细心的家长发现宝宝的体重和身长长得不如以前快了。4个月的宝宝很喜欢玩，喜欢让人抱，会把头转来转去地找人，如没人在身边会不高兴，又哭又闹。宝宝更喜欢户外运动。

宝宝成长档案

生理指标	男宝宝	女宝宝
体重（千克）	4.7~8.5	4.5~7.7
身长（厘米）	58.3~69.1	56.9~67.1

宝宝发育特点

开始喜欢玩自己的小手

时不时会伸出双手让妈妈抱

开始慢慢认识一些熟悉的物品

看到奶瓶或妈妈的乳房就格外高兴

已经学会用不同的声音表达自己的情绪

大人扶住坐着时能抬起头部

能用双臂撑起头部和胸部

会转头了，还能寻找声音来源

能看清4~7米的景物

能伸手抓住玩具，并且是在对距离做出判断后才伸手去抓

育儿要点提醒

✿ 母乳的营养足够宝宝成长

4个月的宝宝仍能从母乳中获得所需要的营养，每天所需要的热量为每千克体重95千卡左右。

✿ 妈妈的喂奶总原则

以宝宝能够消化吸收、体重在合适的范围以内而定。值得注意的是，母乳喂养者仍应按需哺乳。

✿ 让宝宝爱喝水的窍门

1. 宝宝喝水时，妈妈也拿个杯子夸张地喝一口，让宝宝去模仿。

2. 可以用新鲜的蔬菜或水果来煮一点水，不要添加任何东西，维持原来的味道让宝宝喝。

3. 奶瓶选择一个宝宝喜欢的漂亮图案，能增加喝水的兴趣。

✿ 宝宝补铁小方法

1. 适当多补充一些含铁丰富的食物。

2. 可以在补充蛋黄的同时添加一些果汁，因为果汁中含有可以促进铁质吸收的维生素C。

樱桃汁

膳食营养补给站

❧ 本月宝宝营养需求

如果宝宝的每日体重增加低于15克或一周体重增加低于120克，就表明母乳不足了。如果宝宝开始出现闹夜，体重低于正常同龄儿，就应该及时添加配方奶粉。

❧ 母乳仍是宝宝营养的主要来源

4个月的宝宝仍能从母乳中获得所需要的营养，每天所需要的热量为每千克体重95千卡左右。

母乳喂养充足的宝宝，不用急于添加其他辅食，仅喂些鲜果汁、米汤、菜汤就可以了。第4个月里，宝宝对糖类的消化吸收能力还是比较差的，对奶的消化吸收能力强，对蛋白质、矿物质、脂肪、维生素等营养成分的需求可以从乳类中获得。

❧ 宝宝的吃奶次数和吃奶量巧安排

宝宝4个月时，吃奶次数应该基本固定了。一般每天吃5次，夜里不起来。有的宝宝是每隔4小时吃1次奶，5次以外夜里还要加1次共喂6次。究竟用不用夜里给宝宝喂奶，要根据宝宝的具体情况而定。

总的原则是以宝宝能够消化吸收、体重在合适的范围以内而定。值得注意的是，母乳喂养者仍应按需哺乳。

在吃奶量上，爸爸妈妈要严格掌握，既不使宝宝饿着，又要防止宝宝超量。4个月时的宝宝，每天的奶量不应超过1000毫升，即如果按宝宝一天喝5次奶算，每次应该喝180毫升；如果宝宝每天喝6次，每次就应该喝150毫升比较合理。

❧ 添加配方奶粉困难怎么办

因母乳不足而给宝宝添加配方奶粉，很多时候宝宝会排斥，开始可以先用小勺喂，小勺喂也不行的话，就给宝宝添加辅食，如米汤、菜汁等，但这时添加米汤可能消化不好。如果母乳不是很少，就要坚持到4个月以后，宝宝可能会突然就爱吃奶粉了。

❀ 宝宝补铁很重要

宝宝在第4个月容易出现缺铁性贫血，因此要及时补充铁质了。

缺铁表现

1. 皮肤较干燥，指甲易碎，毛发无光泽、易脱落、易折断，疲乏无力，面色苍白，呼吸困难，伴有便秘。

2. 经常哭闹、夜间啼哭、易惊醒、不易入睡、呼吸道感染、体重较轻等。

3. 患有贫血、口角炎、舌炎、舌乳头萎缩、胃溃疡和胃出血，喜欢吃墙皮、泥土、生米、纸等。

应对措施

1. 宝宝4个月以后如果缺铁，就要适当多补充一些含铁丰富的食物。

2. 宝宝在半岁以前能吃的食物比较少，可以在补充蛋黄的同时添加一些果汁，因为果汁中富含可以促进铁质吸收的维生素C。

❀ 及时给宝宝喂水

在两次喂奶之间，宝宝不断用舌头舔嘴唇时，妈妈可以喂宝宝不超过100毫升的水。一天喂1~2次也就足够了。

1. 宝宝喝水时，妈妈也拿个杯子夸张地喝一口，有一种美妙陶醉的表情，吸引宝宝的注意力，让宝宝去模仿。

2. 可以用新鲜的蔬菜或水果来煮一点水，不要添加任何东西，维持原来的味道让宝宝喝。

3. 奶瓶选择一个宝宝喜欢的漂亮图案，能增加其喝水的兴趣。

4. 鼓励宝宝进行户外活动，活动完后及时让宝宝喝水。

新妈妈催乳食谱

明虾炖豆腐

滑肤，下乳

材料 净虾 100 克，豆腐块 200 克。

调料 盐 4 克，葱花、姜片各 5 克。

做法

1. 虾和豆腐焯烫，盛出备用。

2. 锅内放入虾、豆腐块和姜片，煮沸后撇去浮沫，转小火炖至虾肉熟透，去姜片，放盐，撒葱花即可。

腔骨菠菜汤

促进乳汁分泌

材料 菠菜 200 克，猪腔骨 500 克。

调料 盐、姜片各适量。

做法

1. 将猪腔骨斩成小块，洗净，过水，去掉血水；菠菜择洗干净，切成段备用。

2. 锅置火上，加入清水（或高汤）、猪腔骨、姜片，煲 1 个小时，加入菠菜煮沸，加盐调味即可。

科学护理指南

❀ 宝宝睡觉最好不要开灯

不少家庭为了防止宝宝入睡后发生意外，喜欢房里一直开着灯，以方便观察。但是开灯睡觉对宝宝是非常不利的。

1. 不利于培养宝宝养成有规律的作息时间。

2. 宝宝适应环境变化的能力还很差，如果卧室灯光太强，就会改变宝宝适应昼明夜暗的规律，使他分不清黑夜和白天，不能很好地睡眠。而且任何人工光源都会产生一种光压力，长期存在会让宝宝表现出躁动不安、情绪不宁，以致难以入睡。

3. 宝宝长时间在灯光下睡觉，光线对眼睛的刺激会持续不断，眼睛便不能得到充分的休息，易造成对视网膜的损害，影响其视力的正常发育。

因此，宝宝睡觉最好不要开灯。但为了方便观察，可以在远离宝宝头部的位置安一个光线较暗的小夜灯。

宝宝婴语解密

打呼噜

宝宝自述

我一出生就打呼噜，像爸爸一样。妈妈以为我喉咙有痰，还带我去医院吸痰。可是，我都4个月了，还是打呼噜。又去了医院，医生说我是先天性喉喘鸣，让我及时补钙。可是，吃了钙片我还是打呼噜。

婴语解析

这个时候的宝宝睡觉时打呼噜，主要是喉软骨发育不良所致。稍大一些的宝宝打呼噜多是因为鼻腔阻塞。因为宝宝入睡后一般用鼻子呼吸，如果鼻腔阻塞，空气不能顺利通过，宝宝被迫张口呼吸，便会出现鼾声。

育儿直通车

如果婴儿缺钙或有其他问题，致使喉软骨发育不良，不能起到支撑作用，喉部的组织就会在吸气时下塌，造成呼吸道的不畅而引起喘鸣。如果没有睡眠时呼吸费力的现象，生长发育良好，一般会在6～12个月逐渐消失。如是鼻腔阻塞导致打呼噜，要看具体的原因对症处理。

❀ 别让宝宝睡偏了头

宝宝的骨质很松，受到外力作用时容易变形。如果长时间朝同一个方向睡，其头部重量势必会对接触床面的那部分头骨产生持久的压力，致使那部分头骨逐渐下陷，最后导致头形不正，影响美观。另外，孩子睡觉时习惯于偏向妈妈，在喂奶时也把头转向妈妈一侧。为了不影响宝宝颅骨发育，妈妈应该经常和宝宝调换睡眠位置。

避免这种后果的方法比较简单，即在出生后的头几个月，让宝宝经常改变睡眠方向和姿势。具体做法就是，每隔几天，让宝宝由左侧卧改为右侧卧，然后再改为仰卧位。如果发现宝宝头部左侧扁平，应尽量使其睡眠时脸部朝向右侧；反之亦然，如果发现宝宝头部右侧有些扁平时，尽量让其睡眠时脸部朝向左侧，就可纠正了。

育儿直通车

1. 枕头以高3厘米、宽15厘米、长30厘米为宜，而且要能随着宝宝的生长及时调整枕头的高度。

2. 枕头可以有根据头形设计的凹陷，以此符合宝宝头后部较突出的特点。

3. 宝宝的新陈代谢非常旺盛，小脑袋总爱出汗，睡觉时甚至会浸湿枕头，造成汗液和头皮屑混合，容易使一些病原微生物及螨虫、尘埃等过敏原附着在枕头上，不仅散发出不好闻的气味，还容易诱发支气管哮喘、皮肤感染等疾病。因此，宝宝的枕套要选用柔软吸汗的棉布，并经常拆洗和晾晒。

4. 枕芯要软硬适中，不容易变形，里面可以填充无污染的荞麦皮或泡过并晒过的茶叶末等。

奶爸育儿经

挠痒痒

让宝宝平躺，爸爸拉起宝宝的一只手臂，伴着有节奏的小儿歌轻轻摆动，说到最后一个字的时候，爸爸的另一只手可以抓痒宝宝的腋窝或者小肚皮，这时宝宝会很兴奋地笑。挠痒痒不仅让宝宝很开心，还能提高宝宝的触觉敏感度和对节奏的感觉。

家庭医生

❀ 药物使用方法

这个阶段宝宝要是生病需要用药，那么家长需要慎重处理。给宝宝喂药最好选择在两餐之间，因为饭前服药刺激胃黏膜，饭后服药因胃已饱满，容易引起宝宝呕吐。局部涂药面积不可过大，浓度不宜太高。

内服药物：

药物种类	使用方法
消化药	1. 开胃药（胃蛋白酶合剂等）要在饭前 15 分钟服用 2. 助消化药（乳酶生、妈咪爱等）应在饭后半小时服用
止泻药	空腹服用效果较好，有利于吸收，作用充分，但不能与乳酶生等活性菌类药物同时服用，以免产生拮抗作用
止咳药	多数止咳药为黏膜吸收，故口服后不应立即饮水，一般在半小时后方可饮水，以便让药物充分吸收
补钙类和鱼肝油类药	1. 钙剂的种类很多，须遵医嘱服用。服用钙剂时不能加水过多或用糖水送服，也不能与食物、奶等混服，以免药物不能充分吸收而降低药效 2. 服用鱼肝油时也需要遵医嘱，切勿多吃，否则会造成鱼肝油中毒，出现前囟饱满、易哭、易激动等症状
解热药	服药后要多喝水，促进发汗，排出毒素，带出热量，以达到降温的目的

外用药物：

药物种类	使用方法
滴眼药	1. 让宝宝仰卧或坐着，头向后仰，稍倾斜，使有疾病的眼的位置低于健康的眼，以免药液从有疾病的眼流入健康的眼 2. 轻轻向下拉开宝宝的下眼睑，将药水滴在宝宝眼球与下眼睑之间，不要直接滴在黑眼球上 3. 滴完后，轻提宝宝的上眼睑，并让宝宝自己轻轻转动眼球，以使药液均匀分布在眼球上 4. 用手轻压宝宝眼角内侧（泪囊口）2~3 分钟，防止药液进入宝宝鼻腔，然后让宝宝闭眼 1~2 分钟即可

药物种类	使用方法
滴鼻药	让宝宝平卧，肩下垫枕头，让宝宝头后仰，使鼻孔朝上，在宝宝的每侧鼻孔缓慢滴入2~3滴药液。轻压两侧鼻翼，让药液均匀分布于鼻腔，滴完后，让宝宝保持此姿势2~5分钟即可
滴耳药	若耳道内有液体或脓性分泌物，应先用棉签轻轻拭去 让宝宝侧卧，病耳朝上，左手牵拉宝宝的耳郭（婴幼儿向后下方，大宝宝向后上方），右手将药液滴入耳孔中央轻压耳孔前的小突起（耳屏），使药液缓缓流入耳内，滴完后，保持侧卧姿势5~10分钟即可

❀ 宝宝打嗝莫惊慌

打嗝原因

宝宝的呼吸以腹式呼吸为主，6个月以内的宝宝常会因吃奶过快、吸入冷空气、笑、哭、受凉等使自主神经受到刺激，从而使膈肌发生突然性的收缩，导致迅速吸气并发出"嗝"声，这是一种常见现象，只要打嗝程度不是很厉害，就不必太担心。

止嗝的方法

1. 抱起宝宝，轻轻地拍背，喂点热水。

2. 宝宝打嗝时如果看起来很难受，可以用示指指尖在宝宝的嘴边或耳边轻轻挠痒，因为嘴边的神经比较敏感，挠痒可以放松神经，打嗝随之消失。

❀ 生理性腹泻

腹泻是宝宝比较常见的消化性疾病。在整个育儿过程中，没有发生腹泻的宝宝比较少见。腹泻的判断也很重要，有的妈妈看到宝宝的大便偏稀就认为是腹泻了，其实也不一定。

生理性腹泻的表现：

1. 母乳喂养的宝宝，如果大便不成形，一天七八次，有时还会发绿，有奶瓣，水分稍多。

2. 宝宝精神好，吃奶正常，不发热，无腹胀、无腹痛。

3. 肠道既没有致病菌的感染，也没有病毒的感染，也没有脂肪泻、肠功能紊乱、消化不良等。

4. 体重增长正常。大便常规正常或偶见白细胞，少量脂肪颗粒。

出现生理性腹泻不要慌张治疗，一般情况下，这对于宝宝的健康是没有显著影响的，生理性腹泻如果是因为母乳不足，添加了配方奶粉，可以更换其他品牌的配方奶粉。

宝宝智力加油站

前臂支撑

 给宝宝穿上宽松的衣服，让宝宝趴在床上，将他的两只胳膊放在胸前，做支撑状。妈妈站在宝宝面前，先呼唤宝宝或拿一个发声玩具，逗宝宝抬头，然后拿着玩具在宝宝面前晃动，引导宝宝用前臂支撑身体。

 在做俯卧抬头的基础上，锻炼宝宝用手臂支撑全身的能力。

专家指导建议

宝宝如不能用前臂支撑，妈妈不要太着急，平时多抱抱宝宝，让其站立，多补充钙质，强健骨骼，慢慢地宝宝就能用前臂支撑起身体了。

大动作能力

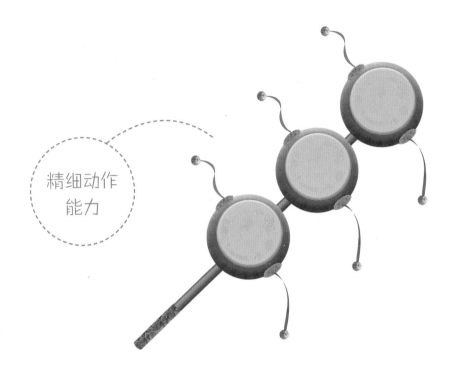

精细动作
能力

抓握玩具

 在桌子上放些如积木块、毛绒小玩偶、彩铃、拨浪鼓等容易抓握的小玩具。将宝宝抱到桌面上，让他慢慢接近玩具，鼓励宝宝伸手去抓玩具。也可以妈妈抱着宝宝，爸爸拿着玩具在宝宝前面晃动捏响，逗引宝宝伸手去抓。

 培养宝宝抓握、触摸和摆弄玩具的兴趣，锻炼宝宝的抓握能力。

 专家指导建议

如果宝宝没有主动接近玩具，可摇动玩具或用语言来引导宝宝用手去抓握、触摸和摆弄玩具。

红彤彤的苹果远了

方法 妈妈将一个红彤彤的大苹果举到宝宝面前，并拉着宝宝的手摸摸苹果，说："宝宝，这是苹果。"妈妈将苹果放在一个小的红口袋里，妈妈取出苹果，对宝宝说："苹果！"妈妈举着苹果往后移动，边走边用示指指着苹果跟宝宝说："苹果远了，够不到了。"

目的 利用宝宝喜欢的红色来刺激宝宝追视，从而培养宝宝的空间距离感，提高宝宝对空间距离变化的感知能力。

专家指导建议

妈妈往后移动苹果时，要让苹果始终保持在宝宝的视线内，退后至1.5米处停止，让宝宝远距离注视一会儿，再往宝宝眼前移动。

空间感知
能力

宝宝能力测评

1. 看到滚轴，宝宝可以从桌子一头看到另一头。　　是□　　否□

2. 在白纸上放1粒红色小药丸，宝宝能马上发现。　　是□　　否□

3. 当宝宝听到胎教音乐的时候，能微笑入睡。　　是□　　否□

4. 喜欢让父母、照料者抱着。　　是□　　否□

5. 会用手拍击横吊在胸前的小球。　　是□　　否□

6. 当家长蒙脸玩藏猫猫游戏时，宝宝会笑且动手拉布。　　是□　　否□

7. 晚上能睡5~6个小时，白天觉醒时间增加。　　是□　　否□

8. 妈妈用勺子喂辅食时，宝宝会张口舔食。　　是□　　否□

9. 俯卧时，能用手肘撑起胸部。　　是□　　否□

10. 宝宝俯卧抬腿时，能踢打吊球。　　是□　　否□

评分结果

答是加1分，答否得0分。
9~10分，优秀；7~8分，良好；5~6分，
一般；5分以下，宝宝需要加强训练。

育儿疑问专家连线

Q 宝宝 4 个月了，医生说他大运动能力比较落后，就是头不是很稳，感觉脖子没什么力气，脚力不是很好，请问父母在家里有没有什么好办法可以训练呢？

A 父母可以经常帮助宝宝做一些被动的运动和体操。4 个月的宝宝扶着腋下能站立，妈妈可以分几个阶段，帮助宝宝暂时站立几秒，并开始让他走两三步。注意不要让宝宝在刚刚吃饱或将要睡觉的时候做运动，应该在吃奶前半个小时，或喂奶后半小时进行，避免宝宝溢奶或情绪烦躁。

另外，多外出活动或晒太阳也是非常必要的，同时要按照医生的建议吃一些有益于骨骼和肌肉发育的食品。

Q 怎么判断母乳不足？

A 宝宝吃奶的间隔时间缩短了，半夜不起来喂奶的宝宝开始哭闹，不给奶吃就不停地哭；妈妈再也没有奶胀的感觉了，不再有奶惊了，突然把乳头拿出来，奶水只是一滴一滴的，不成流；宝宝大便次数少了，或次数多，但量少了，体重增长缓慢，一天增长不足 10 克，或一周增长不到 100 克。

Q 宝宝喜欢在大人怀里睡，但是一放到床上就醒了，这怎么办？

A 让宝宝白天到户外多玩一会儿，玩累了，晚上到了规定的时间就睡觉，晚上他就会睡得好；试着听一些轻柔的幼儿音乐睡觉，只是稍微将音量关小一些，开始抱着睡，放下他会闹，轻轻拍他，实在不行再抱起，反复几次他慢慢就会适应了；母乳喂养的宝宝，如睡不踏实的时候塞上乳头让宝宝吃两口，吃着吃着就睡熟了。

Q 妈妈生气时，给宝宝喂奶，会对宝宝有生理上不好的影响吗？焦虑、紧张、悲伤、休息不好等时候喂奶也会不好吗？刚运动完、洗完热水澡，可以给宝宝喂奶吗？

A 最好不要在生气时喂奶，因为母乳喂养的宝宝容易受妈妈情绪的影响。妈妈如果精神不愉快可以直接影响下丘脑或肾上腺素分泌过多，致使奶量减少。刚运动完肌肉可能会产生乳酸，也会使乳汁不好喝。

Q 宝宝 4 个月大了，母乳喂养，最近对吃奶较为抗拒，将母乳吸出来用奶瓶喂每天奶量在 600 毫升左右，每天上午每顿的奶量还可以，但下午吃得很少，晚上吃得尚可，配方奶粉完全拒绝，这是厌奶吗？

A 随着月龄的增加，宝宝对外界更加好奇，吃奶时容易转移注意力，所以宝宝吃奶的环境一定要安静，周围不要有分散他注意力的物品。

Q 宝宝晚上睡觉时会出很多汗，还是开空调睡的；吃完粥也是满脑袋汗，有没有什么方法可以改善？

A 宝宝晚上睡觉半夜出汗多，多见于维生素 D 缺乏性佝偻病，须咨询医生进一步明确诊断，合理治疗。

Q 宝宝长小牙了，如何避免咬妈妈的乳头？

A 当宝宝咬乳头时，妈妈马上用手按住宝宝的下颌，宝宝就会松开乳头的。如果宝宝要出牙，频繁咬妈妈的乳头，喂奶前可以给宝宝一个空的橡皮奶嘴，让宝宝吸吮磨磨牙床。10 分钟后，再给宝宝喂奶，就会减少咬妈妈乳头了。

第5个月 小可爱开始怕生

5个月的宝宝能认识第一件物品了，喜欢玩各种游戏，已经具备了初步的逻辑思维能力。宝宝自己会将两次翻身连起来，完成180°翻身了。抱着宝宝到户外时，他开始避开生人，喜欢躲藏在妈妈的怀中。

宝宝成长档案

生理指标	男宝宝	女宝宝
体重（千克）	5.3~9.2	5~8.4
身长（厘米）	60.5~71.3	58.9~69.3

宝宝发育特点

依赖妈妈和爸爸

听到妈妈的声音会表现出高兴

对陌生的环境会表现出害怕和生气

能区别生气和友善的说话声

翻身自由了

会用两只手拿东西

喜欢吃自己的小脚丫

趴着时可以长时间抬头

能分辨妈妈不同的表情

育儿要点提醒

❖ 怎样判断母乳不足

如果宝宝的每日体重增加低于15克或一周体重增加低于120克，就表明母乳不足了。如果宝宝开始出现闹觉，体重低于正常同龄儿，就应该及时添加配方奶。

❖ 围嘴选择要点

1. 选款式，方便穿脱及大小合适即可。
2. 挑面料，最好用纯棉材料，吸水性强且透气。

❖ 妈妈控制好外出时间

此阶段，宝宝正在形成对环境的安全感，妈妈最好全天陪伴宝宝，及时满足宝宝的需求。

如果妈妈需要外出，最好安排在宝宝睡着后，并安排好其他人代为照管，时间最好不要超过两小时。

❖ 正确保护宝宝的眼睛，父母们应采取如下措施

1. 宝宝卧室灯光要柔和，避免刺激眼睛。
2. 宝宝不宜多看电视。
3. 宝宝要补充维生素和加强身体锻炼。

膳食营养补给站

✿ 本月宝宝营养需求

第 5 个月的宝宝对营养的需求较第 4 个月没有太大的变化，宝宝可适量添加辅食，让宝宝养成吃乳类以外食物的习惯，刺激宝宝味觉的发育。每天需要的热量约为每千克体重 110 千卡。

✿ 喂辅食的最佳时间

宝宝状态好时

吃母乳或配方奶粉以外的食物对宝宝来说是一种锻炼。当宝宝出现感冒等疾病、接种疫苗前后或状态不好时，应该避免添加辅食。

在宝宝的消化状态良好、吃奶时间也比较有规律时开始喂辅食，成功的概率会比较高。开始喂辅食的第一个月，上午 10 点是喂辅食的最佳时间，这时宝宝吃完一次奶并经过一段时间，吃下一次奶之前，心情比较稳定且感到一丝饿的时候。

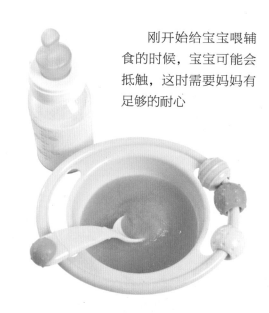

刚开始给宝宝喂辅食的时候，宝宝可能会抵触，这时需要妈妈有足够的耐心

两次吃奶间

宝宝在吃完奶后，很有可能拒绝辅食。所以，辅食添加应在两次吃奶间进行。虽然已经开始添加辅食，但不能忽视授乳，特别是在 4～6 个月，辅食的摄入量非常少，大部分脂肪还是来自奶，因此喂完辅食后应用母乳或配方奶粉喂饱宝宝。

✿ 按需喂养宝宝

宝宝的食量是有个体差异的。如果宝宝吃得少，但体重增长正常，就不必要求宝宝每天吃到 1000 毫升奶。如果宝宝吃奶每次 200 毫升，每天 5 次，或每次 250 毫升，每天 4 次，就不要再加量了。可以适当地添加辅食，来补充奶量不足的部分，减少脂肪的摄入，避免宝宝肥胖。

❀ 添加辅食的三大原则

由一种到多种

宝宝习惯一种食物后，再添加另一种食物。每一种食物须适应一周左右。这样做的好处是，如果宝宝对食物过敏，能及时发现并确定引起过敏的是哪种食物。

由稀到稠，由细到粗

从流质状的奶类，逐步过渡到米糊，然后是稀粥、稠粥，再到软饭、一般食物；从细菜泥到粗菜泥，再到碎菜，然后到一般炒菜。

由少到多

拿添加蛋黄来说，应从1/4个开始，密切观察宝宝的食欲及排便情况，如一周内无特殊变化，则可加到半个，继续观察一周，然后可加至整个蛋黄。宝宝8个月后才可以添加蛋清。

奶爸育儿经

拉起

在宝宝心情愉快时，让他平躺在床上，爸爸双手轻轻握住宝宝双手的手腕处，慢慢将宝宝拉起，转为坐姿。此时，爸爸就会发现，宝宝会配合完成动作，他会用自己的肌肉来帮助爸爸拉他起来。然后可以继续慢慢地拉起，直至成为站姿。

在爸爸的帮助下，宝宝进行了身体以及双脚的平衡练习。放宝宝躺下时，也要一步步慢慢进行。玩游戏的同时，爸爸还可以和宝宝互动地说："宝宝坐起来了——坐下来了——躺好了。"

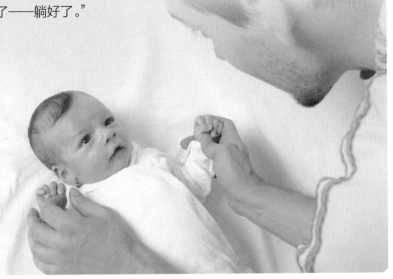

宝宝营养食谱

米粉

滋养脾胃

材料 宝宝米粉 25 克，蔬菜汤适量。

做法

1. 在米粉中冲入 80℃的开水，调匀成
   米粉糊。

2. 加入蔬菜汤，与米粉糊调成糊状即可。

苹果汁

缓解便秘，抗过敏

材料　苹果 150 克。
做法
1. 苹果洗净，去皮、核，切小块。
2. 将苹果块放入榨汁机中，加适量饮用
   水，搅打均匀即可。

科学护理指南

❀ 小围嘴大用处

宝宝的口水流个不停，常常弄湿衣领和胸前，这时候就要靠小围嘴来帮忙了。宝宝围上围嘴，既能避免口水弄湿衣服，又能使宝宝更卫生、更漂亮。

选择要点

1. 选款式。市面上的围嘴产品有背心式的，也有罩衫式的。有些围嘴在颈部后面系带，能调节大小，适合跨月龄长期使用。妈妈可以给宝宝买一个方便穿脱又大小合适的。而且围嘴不要太重，四周也不需要过多装饰，大方实用就行。

2. 挑面料。纯棉的围嘴吸水性更强，且柔软透气，如果底层有不透水的塑料贴面就更好了，宝宝喝水、吃饭、流口水时都不会弄湿衣服。妈妈要注意的是，不要给宝宝用纯橡胶、塑料或油布做成的围嘴，不仅不舒服，还容易引起过敏。

使用要点

1. 围嘴不要系得过紧，尤其是颈后系带式的围嘴。在宝宝独自玩耍时，最好将围嘴摘下来，以免拉扯过紧造成窒息。

2. 不要拿围嘴当手帕使用。擦口水、眼泪、饭菜残渣，还是用纸巾或者手帕比较好。

3. 围嘴应经常换洗，保持清洁和干燥，这样宝宝会更舒适。

❀ 宝宝汗多的护理

1. 勤换宝宝的衣服和被褥，并随时用干燥柔软的毛巾给宝宝擦汗。

2. 宝宝身上如有汗，应避免直吹空调或电风扇，以免受凉。

3. 多给宝宝喝水，补充失去的体液。汗液中除了盐分外，还会有锌，经常出汗也会造成宝宝体内缺锌。所以，饮食上应多加注意，保证宝宝代谢后能及时补充能量和营养。

慧眼识别病理性多汗

佝偻病、结核病、病后虚弱时都会出现多汗现象，要注意区分。一般来说，发色枯黄伴随经常性多汗的宝宝，应做佝偻病检查；脸色发白、长期干咳伴随多汗的宝宝，需要做肺结核检查。

❀ 创造一个充满动人声音的环境

为了促进宝宝听觉的发育，除了生活中自然发出的声音外，爸爸妈妈还可以为宝宝打造一个充满动人声音的环境。

1. 让柔和曼妙的音乐自然地流淌在空气中，这能刺激宝宝的听觉，还有利于宝宝保持良好的情绪。

2. 和宝宝玩会发出声音的玩具，像音乐盒、铃鼓、捏一下就会叫的小球或橡胶娃娃等，吸引宝宝转头注视，甚至想伸手去抓，这对宝宝的听觉、视觉和动作的发育都大有裨益。

3. 爸爸妈妈要多对宝宝说话，给他唱歌，对他笑，陪他玩，这些所产生的效果不仅能促进听觉，对宝宝将来的语言学习有帮助，还有助于建立牢固的亲子感情。

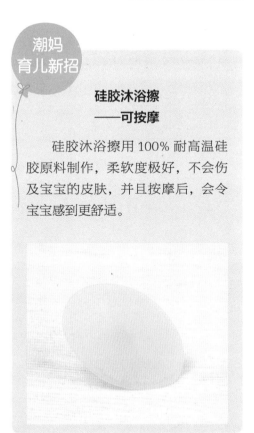

潮妈育儿新招

硅胶沐浴擦——可按摩

硅胶沐浴擦用 100% 耐高温硅胶原料制作，柔软度极好，不会伤及宝宝的皮肤，并且按摩后，会令宝宝感到更舒适。

轻松的音乐，不仅可以丰富宝宝的视听范围，还能让宝宝保持愉悦的心情，促进其健康发展

❀ 保护宝宝视力要注意四大方面

为了使宝宝的视力得到正常的发育，父母们应采取如下措施：

注意方面	具体内容
室内灯光的要求	1. 宝宝的卧室、玩耍的房间，最好是窗户较大、光线较强，如朝南或朝东南方向的房屋。不要让花盆、鱼缸及其他物品影响阳光直射室内 2. 宝宝房间的家具和墙壁最好是鲜艳明亮的淡色，如浅蓝色、奶油色等，这样可使房间光线明亮。如自然光线不足可加用人工照明 3. 人工照明最好选用日光灯，一般灯泡照明最好用乳白色的圆球形灯泡，以防止光线刺激眼睛
宝宝不宜多看电视	1. 宝宝每周看电视最好不多于两次，且每次不超过 15 分钟 2. 电视机荧光屏的中心位置应略低于宝宝的视线 3. 眼睛距离屏幕一般以距离 2 米以上最佳，且最好在座位的后面安装一个 8W 的小灯泡，可以缓解宝宝看电视时眼睛的疲劳
营养与锻炼对视力也有影响	1. 要供给宝宝富含维生素 A 的食物，如水果、深色蔬菜、肝等 2. 经常让宝宝进行户外活动和体格锻炼，也有助于消除宝宝的视力疲劳，促进视觉发育
看书、画画的姿势	1. 看书、画画等要有正确的坐姿，宝宝眼睛与书的距离应保持在 33 厘米左右，不能太近或太远 2. 切记不要让宝宝躺着或坐车时看书，给宝宝所看书的字号不要太小，避免造成宝宝眼睛的疲劳

妈妈要给宝宝选择适合宝宝年龄的图书，同时要帮宝宝养成正确的看书姿势，有利于保护宝宝的视力

妈妈外出不宜超过两小时

此阶段，宝宝正在形成对环境的安全感，妈妈最好全天陪伴宝宝，及时满足宝宝的需求。如果妈妈需要外出，最好安排在宝宝睡着后，并安排好其他人代为照管，时间最好不要超过两小时。

超时离开，容易引起宝宝的警觉，继而引发焦虑和恐惧感，对环境产生不安全感，这种体验可能会使宝宝日后产生消极情绪。因此，控制外出时间，减少宝宝的不良体验，将有助于宝宝保持愉快的心情，形成乐观的个性。

最好不要干涉宝宝独自玩耍

在这个时期，宝宝逐渐对周围环境有了主观的认识，而且能够独自玩耍。但是，当宝宝独自玩耍时，最好有妈妈或亲人在一旁照顾。这个时期，宝宝睡醒后，也不会哭闹，还能安静地玩自己的手或脚，或者望着周边的东西。只要事先将危险的物品收拾好，就能让宝宝自由地玩耍。

育儿直通车

宝宝伤心时，不见得会大哭，常常是嘴角下弯，眼中含泪，抽泣或呜呜地哭，只有在发泄极度的悲伤时，才有大放悲声的情况出现。宝宝1岁前，伤心主要是跟自己的痛苦有关。但是随后，宝宝有了同情的能力，开始为别人的痛苦而感到难过。对宝宝伤害最大的是由于亲子关系严重受挫而产生的极度悲伤。所以，爸爸妈妈要调整好自己，营造愉快的亲子氛围，更好地照顾宝宝。

宝宝婴语解密

伤心

宝宝自述

妈妈生病了，我也好像很不舒服，可能是太伤心了，我的肚子总是咕咕叫，一天便便好几次，平时我可是一天一次就行了的。我5个月了，肚子从来没有这样过。爸爸也在医院护理妈妈，每天只有奶奶陪着我。看不到爸爸妈妈，我很想他们。

婴语解析

伤心是因痛苦而产生的一种情绪，大概在宝宝2个月到半岁之间出现。此时，如果拿走他喜欢的东西，或是妈妈离开了，都会让他伤心。伤心是一种负面的情绪，会让人压抑，经常伤心不利于宝宝的身体和心智的健康发展，特别是极度悲伤，会对宝宝的心理发展造成负面影响。

🏥 家庭医生

❀ 婴儿过敏的表现

一般情况下，当人体的免疫系统对来自外界的物质，比如说水源、空气、食物当中的无害物质等，做出了过度的反应，这个时候我们就称之为过敏。所以，过敏的出现，不是免疫功能低下造成的，而是免疫功能异常增强造成的。宝宝出现过敏的表现主要有以下4种情况：

1. 皮肤会出现红色的斑点、湿疹、荨麻疹，有时还会伴有瘙痒的症状。
2. 胃肠道出现不适，出现恶心呕吐、腹泻、便秘等情况。
3. 上呼吸道出现打喷嚏、流鼻涕、鼻塞等症状。
4. 下呼吸道表现出咳嗽、胸闷、气短、喘息等情况。

❀ 宝宝常见的食物过敏

宝宝食物过敏是最常见的一种过敏，很多宝宝因为一些原因不能够纯母乳喂养，只能另外用配方奶粉来代替，这就容易出现食物过敏的情况。

不是所有的食物都会引起过敏这种异常反应，通常情况下，只有免疫系统不成熟或者是受到破坏之后的宝宝才会出现过敏的情况。要想让宝宝避免食物过敏，妈妈在喂食过程中要遵守一定的原则，尽量减少食物过敏的发生。

1岁以内的宝宝不能喂食鲜牛奶及其制品、大豆及其制品、鸡蛋清和带壳的海鲜
1岁以内的宝宝不应该在食物中添加糖或其他调料，少量用盐
1.5岁以内，宝宝的主食是奶，不应该让辅食充当主食的角色
根据宝宝自身的情况添加辅食，不要盲目同别的宝宝进行对比，要根据自家宝宝的情况来进行添加
在宝宝乳牙没有长出之前，宝宝的辅食主要是以泥状为主

❀ 宝宝皮肤过敏表现

宝宝在皮肤上的过敏反应主要是两种，一种是急性的荨麻疹，一种是慢性的湿疹。两者尽管都和过敏有关，但是有着本质的不同。

荨麻疹一般发病都比较急，遇到过敏原之后数分钟到数小时就会出现，主要表现就是不规则的、发痒的皮疹；湿疹则是慢性发作，在接触过敏原72小时内发作，多从宝宝的头和脸开始，慢慢地发展到全身。当遇到潮湿闷热的情况时，就会局部变红，皮肤出现粗糙、脱屑的症状，有的时候还会有红肿和渗液。

❀ 宝宝胃肠系统的过敏表现

一般对于食物过敏的宝宝，在胃肠系统中都会表现出来，急性症状有恶心、呕吐、腹泻、腹痛，慢性症状有稀水便、大便带血、大便带黏液、腹痛等，这些表现症状不是过敏的特有反应，所以也要考虑是其他的疾病造成的。

❀ 反复咳嗽也可能是过敏

过敏不仅仅体现在消化系统和皮肤上，呼吸系统同样也会有过敏的反应。有的宝宝出现了过敏反应和上呼吸道感染的症状是非常相似的，所以很多妈妈一直在让宝宝检查上呼吸道的疾病，却忽视了过敏这个问题的存在。

当宝宝总是出现感冒、咳嗽的情况时，妈妈不要着急判断是呼吸道感染造成的，也要考虑一下宝宝是不是过敏。有的时候，宝宝只要是一上床或者是一到某种特定的环境中就会咳嗽，那么，这可能就是和环境过敏有关，比如灰尘、真菌、尘螨等。

不仅仅咳嗽，有的宝宝还有打鼾、鼻塞这些情况，也可能就是接触到过敏原造成的。在生活中，一些宠物的毛、毛绒玩具中的毛或者是羽绒被中的羽绒都有可能会是过敏原，如果宝宝出现一些呼吸道的症状，那么这些物品就要及早远离，避免给宝宝造成更大的伤害。

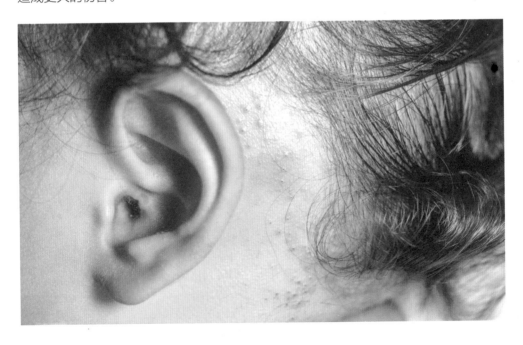

宝宝智力加油站

沉沉浮浮抓玩具

方法 在小澡盆中给宝宝洗澡，将一些玩具放在澡盆里。将漂浮的玩具小鸭子摁进水中，等鸭子浮起时，对宝宝说："小鸭子会游泳。"捞起沉在盆底的玩具，如陀螺，又扔进水中说："陀螺不会游泳。"

目的 通过训练宝宝抓握能力，从而提高宝宝的手部协调性。

 专家指导建议

注意游戏时间，不要让宝宝着凉。

精细动作
能力

马博士

语言能力

点名游戏

方法 爸爸妈妈在生活中尽量多呼唤宝宝的小名，让宝宝通过听觉，将大人的语音和自己结合起来。宝宝习惯了以后，每次听到小名会有所反应，如回头或抬眼看看，或动一动小手等。

目的 让宝宝听懂不同的声音代表不同的人，也让宝宝将小名和自己联系起来。

 专家指导建议

如宝宝没有反应，需要在不同的场合反复地练习，经常称呼宝宝的小名以后，宝宝就会将小名和自己联系起来了。

琪琪

果果

倩倩

硕硕

"乘电梯"

方法 在宝宝睡觉之前,妈妈把宝宝举到自己的头上方,然后慢慢地放到自己的脸的高度,微笑着对宝宝说:"妈妈爱你。"然后亲亲宝宝的小脸蛋,重复几次这个动作,好像让宝宝乘电梯一样,之后告诉宝宝要睡觉了。

目的 充分表达对宝宝的爱,增强母子亲情。

专家指导建议

把宝宝举高的时候要动作缓慢,不要吓到宝宝。

社交能力

宝宝能力测评

1. 当宝宝听到家长说物体名字的时候，能用眼看着物体的方向。 是□ 否□

2. 宝宝能两手各拿一个物体。 是□ 否□

3. 仰卧时，宝宝手能抓到脚，并能将脚趾放入口中啃咬。 是□ 否□

4. 家长念儿歌时，宝宝能做出一种动作。 是□ 否□

5. 宝宝手里拿着的东西，能从一只手转到另一只手。 是□ 否□

6. 宝宝遇到生人时，能将身体藏在妈妈身后或躲在妈妈怀中。 是□ 否□

7. 自己能拿饼干吃，并能咀嚼。 是□ 否□

8. 大小便前，会有动作表示。 是□ 否□

9. 俯卧托胸时，宝宝的头、躯干、下肢能完全达到持平。 是□ 否□

10. 俯卧时，宝宝上身能抬起，腹部可以贴在床上打转 360°。 是□ 否□

评分结果

答是加 1 分，答否得 0 分。
9~10 分，优秀；7~8 分，良好；5~6 分，一般；5 分以下，宝宝需要加强训练。

育儿疑问专家连线

Q 宝宝 5 个多月了，有点枕秃，是纯母乳喂养的，需要补钙吗？

A 出生不久的宝宝因为有生理性脱发阶段，宝宝出汗较多，胎毛生长期短，在 6 个月以前可能会出现枕秃。但也并不排除佝偻病的表现，须找医生检查，找出原因，如缺钙，就注意补充并多晒太阳；如是佝偻病，则须及时治疗。

Q 幼儿园和保健院推荐接种的计划外疫苗，是否接种？

A 在接种前，必须向如疾病预防控制中心或权威的医疗机构咨询、了解有关疫苗的作用、不良反应、在临床上的应用、免疫效果、接种意义、应用范围等，再谨慎决定。

Q 宝宝赶上了炎热的夏季，如何防痱子和红臀？

A 这个时候的宝宝已经不像前几个月那样，出现小屁屁"淹"了或皮肤褶糜烂了，也不容易长很多的眼屎和很严重的痱子了。宝宝一天可以洗几次澡，不用尿布，仅仅穿个肚兜，光光地坐在凉席上，凉席上可铺一层棉布单，如果不铺，要保证凉席上没有刺。

Q 宝宝 4 个月 20 天了，是纯母乳喂养。腹泻 8 天，昨天稍有好转，今天突然又拉黄稀便，还带血丝。医生说是过敏性腹泻，母乳造成的，建议改特殊配方奶粉试一周，可宝宝不吃，我也怕回奶，怎么办？

A 很少听见有母乳过敏的情况，要过敏早就应该发生了，这时应询问母亲或宝宝是否进食过其他可引起过敏的食物。

Q 宝宝5个多月了，最近我发现他长出了一对可爱的小牙齿，不知道需不需要特殊护理这两颗牙齿呢？

A 这时候，妈妈要细心呵护宝宝刚刚长出的小牙齿。因为出牙期间，宝宝的牙龈可能有些痒，会给宝宝带来一些不适，这时，妈妈要通过下面的方法来缓解宝宝的不适，帮助宝宝顺利度过出牙期：

    1. 用手指轻轻按摩宝宝的牙床。

    2. 给宝宝准备磨牙棒，防止宝宝乱咬东西。

    3. 宝宝每次进餐后给他喝点水，进行简单的口腔护理。

Q 正好到了疫苗接种的时间，宝宝生病了，怎么办？

A 如果宝宝仅仅是轻微的感冒，体温正常，不需要服用药物，特别是不需要服用抗生素。有些病儿是轻度感冒，接种疫苗后会发热，导致病情加重，可暂缓接种，向后推迟，直到病情稳定。如果服用免疫抑制剂，不能接种疫苗。

Q 如果向后推迟了某种疫苗接种，以后的接种是否推迟？

A 以后接种的疫苗要顺延向后推迟。如果和某种疫苗时间重合了，预防接种医生会根据相碰的疫苗的种类，判断是否可以同时接种；或者先接种一种，另一种间隔一段时间，须由预防接种的医生根据具体情况决定。

Q 宝宝出生时头发很好，可满月剃光头后，头发就长得长短不一了。现在已经5个多月了，为什么只有少量的头发长得快，可大部分都没怎么长出新头发？

A 如果宝宝的身高、体重增加情况以及智力的生长发育同时出现了停滞或其他异常，应该考虑是否缺乏某种维生素或必要的氨基酸，但是如果其他的都正常，那么就应该带宝宝看一下皮肤科，找出头发生长缓慢的原因，及时治疗。

第6个月 宝宝会坐了，感觉整个世界都亮起来

　　6 个月的宝宝身心的成长发育已经有了很大的变化。和他说话也会咿咿呀呀地回答，还知道了说"妈妈"的时候对着妈妈，说"爸爸"时看着爸爸。宝宝已经能靠着坐起来了，会用手拿玩具了。

宝宝成长档案

生理指标	男宝宝	女宝宝
体重（千克）	5.9～9.8	5.5～9
身长（厘米）	62.4～73.2	60.6～71.2

宝宝发育特点

喜欢照镜子

害怕陌生人

模仿大人的动作

看着妈妈的脸呀呀地喊叫或微笑

手腕会转动

听力更加发达

可以自己坐一会儿

有的宝宝开始长乳牙

能用双臂支撑起上半身，做出要爬的姿势

育儿要点提醒

给宝宝增加辅食量

本月，宝宝应该减少哺乳，增加辅食了，以母乳或配方奶粉＋辅食作为宝宝的正餐。

免疫功能变弱时，要特别注意预防疾病

为了使宝宝不患疾病，要经常打扫室内卫生和透气，保持清爽的室内环境。外出时，给宝宝多穿几件较薄的衣服，便于热的时候随时脱去。外出回来，一定要把宝宝的手脚洗干净。

为宝宝选择鞋的注意事项

1. 鞋子要略大一些，使脚趾不感到挤压即可。
2. 妈妈应每隔几周就摸摸宝宝的鞋子，看看还能不能穿。
3. 注意让宝宝穿防滑鞋，方便宝宝练习站立和行走。
4. 宝宝的新陈代谢快，脚流汗较多，如果鞋不透气，就很容易滋生细菌。

宝宝不爱吃辅食的应对策略

1. 给宝宝做咀嚼示范。
2. 不要喂得太多或太快。
3. 辅食多样化。
4. 尊重宝宝的自主意识。
5. 为宝宝准备一套喜欢的餐具。
6. 不要强迫宝宝进食。
7. 不要在宝宝面前品评食物。

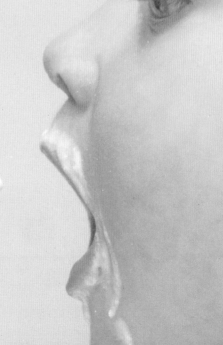

膳食营养补给站

✿ 本月宝宝营养需求

从第 6 个月起，宝宝身体需要更多的营养物质，母乳已逐渐不能完全满足宝宝生长的需要，添加辅食变得非常重要。

✿ 注意更换辅食的种类

如果总是吃一种辅食，宝宝会厌烦，会把喂到嘴中的辅食吐出来。妈妈要尊重宝宝的感受，可更换另一种辅食，如果宝宝喜欢吃，就说明宝宝暂时不喜欢吃前面那种辅食，要先停一星期，再尝试喂，帮助宝宝顺利过渡到正常的饭食。

✿ 母乳或配方奶粉 + 辅食

本月，宝宝应该保持原有的哺乳，在两次哺乳间增加辅食了，妈妈可以每天有规律地哺乳，逐渐增加辅食量。这个月里，妈妈要将谷类、蔬菜、水果逐渐引入宝宝的膳食中，让宝宝尝试不同口味、不同质地的新食物。

1岁内以哺乳为主食，辅食是补充母乳或配方奶营养不足的一种措施，同时训练咀嚼能力，为今后吃饭做准备，还可促进语言发育。

如果宝宝喜欢吃辅食，最好多添加蛋黄、果蔬汁，不要只吃米和面。

此时，宝宝能用牙龈磨碎细软的食物了，辅食可以慢慢增加新的品种。需要注意的是，奶和辅食最好分开吃，最好在两餐间加辅食，这样能帮助宝宝肠胃的消化。

1岁前的宝宝每天奶量建议保证在 600～700 毫升，来满足生长的需要。家长不要觉得宝宝可以吃辅食就不用吃奶了。

母乳充足的妈妈仍然可以继续进行母乳喂养。不要因为增加了辅食，或对母乳营养的质疑而动摇信心。国际母乳协会鼓励有条件的妈妈母乳喂养到两岁。

❀ 轻轻松松让宝宝爱上辅食

给宝宝做咀嚼示范

有的宝宝是因为不习惯咀嚼而用舌头将食物往外推。这个时候，妈妈应该给宝宝做示范，教宝宝如何咀嚼和吞咽食物。

学会食物代换

如果宝宝讨厌吃某种食物，也许只是暂时不喜欢，可以先停止喂食，等过段时间再试。在这段时间内，可以给宝宝喂食营养成分相似的其他食物。

辅食多样化

宝宝的辅食要富于变化，这能刺激宝宝的食欲。可以在宝宝原本喜欢吃的食物中添加新的原材料，分量由少到多，烹调方式上也应该多换换花样，这样宝宝更易接受。

为宝宝准备一套餐具

单独给宝宝准备一套餐具，最好有可爱的图案和鲜艳的色泽，这样能增进宝宝的食欲。

不要在宝宝面前品评食物

宝宝模仿能力很强，爸爸妈妈不要在宝宝面前挑食及品评食物的好坏，以免造成宝宝偏食。

不要喂得太多或太快

妈妈应该按照宝宝的食量来喂食，宝宝不想吃了就不要硬喂。喂食时，速度不要太快。

不要强迫宝宝进食

若宝宝到了吃饭时仍不觉得饿，不要硬让宝宝吃。经常逼迫宝宝进食，反而容易使宝宝产生排斥心理。

尊重宝宝的自主意识

爸爸妈妈应多鼓励，让宝宝自己吃饭，不管是用手还是用勺，让宝宝有成就感，增进宝宝的食欲。妈妈还可以给宝宝做易于手拿的食物。

宝宝营养食谱

南瓜汁

解毒杀虫

材料 南瓜 100 克。

调料 红糖适量。

做法

1. 南瓜去皮、瓤，切成小丁，蒸熟，然后将蒸熟的南瓜用勺压烂成泥。

2. 在南瓜泥中加入适量开水稀释调匀后，放在干净的细漏勺中过滤一下，放入适量红糖取汁食用即可。

饼干粥

补充糖类

材料 大米15克，婴儿专用饼干两片。

做法

1. 大米淘洗干净，放入清水中浸泡1小时。

2. 锅置火上，放入大米和适量清水，大火煮沸，转小火熬煮成稀粥。

3. 将饼干捣碎，放入粥中稍煮片刻即可。

 **科学护理指南**

❀ 长牙喽

有 30% 的宝宝会在这个月长出乳牙。长牙标志着宝宝又一个生长期的到来，是宝宝咀嚼食物的开端。

长牙时的表现

流口水	出牙前两个月左右，大多数宝宝就会流口水，或把小手伸到口腔内抓挠，妈妈可以看到局部牙龈发白或稍有红肿充血，触摸牙龈时有硬物感
轻微咳嗽	此时要分泌较多的唾液，可能会使宝宝出现反胃或咳嗽的现象，所以只要不是感冒或过敏，妈妈就不必担心
牙床内出血	有些宝宝长牙会造成牙床内出血，形成一个瘀青色的肉瘤，可以用冷敷来减轻疼痛，加速内出血的吸收
啃咬	宝宝出牙时最大的特点就是啃咬东西，咬自己的手，咬妈妈的乳头。可以说，宝宝看到什么东西，都会拿来放到嘴里啃咬一下。其目的是想借啃咬来减轻牙床的疼痛和不适感
拉耳朵、摩擦脸颊	出牙时，牙床的疼痛可能会沿着神经传到耳朵及颌部，所以宝宝会经常拉自己的耳朵或者摸脸颊

应对措施

1. 给东西让宝宝咬一咬，如消过毒的、凹凸不平的橡皮牙环或橡皮玩具，以及切成条状的生胡萝卜和苹果等。

2. 妈妈将自己的手指洗干净，帮助宝宝按摩牙床。刚开始，宝宝可能会因摩擦疼痛而稍加排斥，但当他发现按摩后疼痛减轻了，就会安静下来并愿意让妈妈用手指帮自己按摩牙床了。

3. 补充钙质和维生素 D。哺乳的妈妈要多食用含钙多的牛奶、豆类等食物，并可在医生的指导下给宝宝补充钙剂、勤晒太阳。

4. 加强对宝宝口腔的护理。在每次哺乳或喂辅食后，给宝宝喂点温开水冲冲口腔，同时，每天早晚两次，用宝宝专用的指套牙刷给宝宝刷洗牙龈和刚露出的小牙。

✿ 宝宝充足睡眠的重要性

改善食欲，提高免疫功能

良好的睡眠能促进消化，改善食欲。而且，睡眠时体内胞壁酸分泌增多，这种被科学界称为睡眠因子的物质，既能催眠，又能增强人体的免疫功能。

缓解疲劳，利于脑部发育

宝宝的大脑发育尚未成熟，较多的活动使身心处于疲劳的状态，睡眠能使宝宝得到最大限度的放松，使脑部的缺血缺氧状态得到改善，让宝宝睡醒之后精神振奋，反应灵敏。

让宝宝长得快

在睡眠过程中，人体会分泌出生长激素，促进骨骼、肌肉、结缔组织和内脏的生长发育。

✿ 宝宝怕生的秘密

宝宝见到生人会显露出害怕、退缩，甚至警觉的表情，有的还会哭闹，怎么都不愿意和生人接近，更不用说跟他玩或是让他抱了。

其实，宝宝怕生、认生，是有了记忆力的一种表现。由于家人或亲朋经常和宝宝接触，他们的模样已经在宝宝的脑子里留下了印象，宝宝记住了这些熟悉的面孔。而宝宝从没有见过的陌生人，这种印象与他记忆中的印象差别太大，所以宝宝会表示拒绝。

但是，随着宝宝接触的人和事物越来越多，以及心理素质的发育，怕生的现象就会逐渐消失，因此父母不必过于担心。

育儿直通车

妈妈应从这时就开始重视让宝宝学习与人交往，并进行耳濡目染的教育，这样才能帮助宝宝在未来的人际交往中轻松应对，表现出大方得体的素养。

奶爸育儿经

互动"吹喇叭"

爸爸宝宝互动的吹喇叭游戏，能够使宝宝快乐起来。宝宝洗完澡，在温暖的房间里，爸爸可将嘴唇顶在宝宝裸露的肚子上吹气，发出的声音听起来就如同一个技术不佳的喇叭手试着在吹喇叭。宝宝会觉得痒，而且声音听起来很有趣，这可提高宝宝触觉能力和反应能力。

❀ 外出注意安全

在这个时期，宝宝坐婴儿车外出的次数比较多，因此，要选购轮子和弹簧结实并且带刹车的婴儿车。出行时，应该给宝宝系上安全带。由于婴儿车里的宝宝距离地面较近，所以很容易接触到汽车排出的废气或灰尘，因此要在车辆较少的路上散步。

婴儿车就像是宝宝的一个可移动的微型小房间，使带宝宝外出购物和散步的爸妈们节省了不少的体力。但这个小房间也有伤害宝宝的可能。

使用前应进行安全检查

检查的部位主要包括螺母螺钉是否松动，躺椅部分是否收放自如，根据宝宝的身材调整安全带长度等。

使用中的注意事项

1. 给宝宝系好安全带，宽松度以系好后能放入大人的四指为宜；

2. 婴儿车上不要挂购物袋等物品，父母不要把身体压在婴儿车上；

3. 在楼梯或电梯入口等有高低差异的地方要把宝宝从车里抱出来，进入平整地带再把宝宝放回车内；

4. 如果爸爸妈妈必须松开推婴儿车的手时，必须固定轮闸，避免婴儿车自动滑离；

5. 推车时不要抬起前轮；

6. 开合遮阳伞时注意不要夹到宝宝的手脚；

7. 雨雪大风等恶劣天气和地面情况复杂的地段不要使用婴儿车；

8. 定期对婴儿车进行清洗，但不要使用可挥发性溶剂。

育儿直通车

宝宝在6月龄前，胸椎的弯曲还没有形成，勉强学坐会因为力量不足而弯曲上半身，容易造成呼吸不畅。可适当将婴儿车的靠背调高一些，但调高的角度尽量不要超过45°。

❀ 宝宝究竟需不需要穿鞋

光脚好处多

1. 宝宝尚未走路前，是没有必要穿鞋的，虽然有时候他的脚丫摸起来凉凉的，但光着脚对他没什么不好。

2. 即使宝宝能站立和行走后，光着脚也是有很多好处的。宝宝的脚底生来是平的，如果在站立和行走时能有力地使用双脚，则能使脚底逐渐略拱起来，还能促进脚部和腿部肌肉的发育。如果总把脚裹在鞋子（特别是鞋底过硬的鞋子）里，则容易使宝宝的脚底肌肉松弛，造成平足。

3. 宝宝在室内或者在室外安全的地方（如温暖的海滨沙滩上）光着脚行走，可以使脚底得到充分刺激，并促进全身的健康。

穿鞋有技巧

如果室内温度低或地板特别凉，就有必要给宝宝穿鞋了。

1. 这时候，鞋子可起到保暖、保护和装饰的作用。

2. 鞋子要略大一些，使脚趾不感到挤压，但也不能大到一抬脚鞋就要掉下来。

3. 宝宝的脚长得非常快，妈妈应每隔几周就摸摸宝宝的鞋子，看看还能不能穿。判断标准是宝宝站起来时，脚跟后应该有一根手指的空隙。

4. 注意让宝宝穿防滑鞋，方便宝宝练习站立和行走。

5. 透气性也很重要。宝宝的新陈代谢快，脚流汗较多，如果鞋不透气，就很容易滋生细菌。

宝宝婴语解密

独坐

宝宝自述

我6个多月了，特别喜欢坐。而妈妈总是担心，出门时，把我放平躺着，说坐得太早对骨骼发育有影响。哎，这样我什么都看不到！其实，妈妈可以将小车的靠背调高一些，角度不超过45°，我就能看到有趣的人和事了，也不会影响我的发育。

婴语解析

宝宝学坐的平均月龄是6个月，独坐的平均月龄是7个月。学坐可以增强宝宝身体各部位大肌肉的力量，为日后学习爬行打下一定的基础。坐使宝宝的身体进一步直立起来，使宝宝的视野更加开阔，能更好地观察周围的世界。

⊞ 家庭医生

✿ 缺铁性贫血

宝宝在出生 4~6 个月时，生长发育比较快，饮食结构相对比较单一，在孕期从母体获得的储备铁已经基本耗尽，容易发生贫血。

根据世界卫生组织的标准，6 个月~6 岁的宝宝血液中血红蛋白低于 110 克 / 升，就是贫血了。

患缺铁性贫血的宝宝主要表现为皮肤黏膜苍白或苍黄、指甲变形、烦躁不安、精神不振、活动减少、食欲减退、时有呕吐和腹泻等。宝宝长期贫血可影响心脏功能和智力发育，要及早采取措施。在宝宝 6 个月后，如果妈妈的乳汁不足，要及时添加富含铁质的辅食，如蛋黄、绿叶蔬菜等。

菠菜、芹菜、油菜等富含铁的食物，宝宝常吃可以预防缺铁性贫血

宝宝发热的时候，妈妈可以先为宝宝进行物理降温，如果情况严重的话，可以通过吃药或者就医处理

✿ 流感的巧护理

流行性感冒是一种上呼吸道病毒感染性疾病。6 个月至 3 岁的婴幼儿是流感的高危人群，5~6 岁是流感的高发年龄组。流感病毒可由咳嗽、打喷嚏和直接接触而感染，传染性很强。

流感症状通常在病毒感染后 1~3 天出现，主要表现为发热（常超过 39℃），还会出现干咳、鼻塞、疲劳、头痛，有时候会出现咽痛或声音嘶哑。症状往往在发病后 2~5 天最为严重。

1. 发热期间要让宝宝充分休息，天冷时可以在中午打开门窗，保证空气流通，但要给宝宝盖好被子，避免受凉。

2. 每天用淡盐水给宝宝漱口，年龄较小的宝宝可用消毒棉签蘸温盐水进行擦拭，以减少继发细菌感染的机会。

3. 可用冷敷法给宝宝降温，以免出现高热惊厥。

4. 密切观察病情，患病后 2~4 天如有高热、咳嗽、呼吸困难、口唇发青等情况，应及时到医院就诊。

育儿直通车

如何预防流感

1. 加强锻炼，均衡全面地摄入营养，增强体质。

2. 养成良好的卫生习惯。

3. 居室保持良好的通风，避免去人多的公共场所。

宝宝智力加油站

练习蛤蟆坐

 方法 让宝宝背靠枕头坐起来，前面放几个宝宝喜欢的玩具。当宝宝伸手去拿玩具时，会用双手支撑上身，使身体与床成45°角，如同蛤蟆一样坐着。5~10分钟后，妈妈要及时把宝宝放为仰卧位，让宝宝休息。

 目的 让宝宝练习蛤蟆坐，促进其颈部肌肉和胸椎的曲度形成，为独坐做准备。

专家指导建议

宝宝刚开始练习坐，不能时间太长。

大动作能力

给宝宝读故事

语言能力

方法 爸爸每天可以有意识地给宝宝读故事听。当然，宝宝现在还不能理解，但是宝宝却能感受到爸爸的声音和语调，这样能够刺激宝宝对发音的兴趣，并培养宝宝对文字的敏感度。

 专家指导建议

目的 帮助宝宝感受声音，让宝宝长大后更容易接受文字教育。

宝宝虽然不能理解爸爸妈妈的话，但经常这样，也相当于和宝宝说话，能刺激宝宝的语言中枢，让宝宝的语言感觉更发达。

左手爸爸右手妈妈

 方法 让宝宝坐在专属的椅子上，妈妈用玩具小鸭子吸引宝宝的注意力，告诉宝宝"小鸭子在宝宝的右边"。爸爸在左边用小鸭子吸引宝宝，等宝宝转头看爸爸，然后说："鸭子在这儿呢，在宝宝的左边。"

目的 让宝宝在游戏中对空间概念有个初步的认识与感知，促进宝宝空间知觉能力的发展。

 专家指导建议

如果宝宝分不清声音的发出方向，仍然将头转向妈妈，妈妈就指着爸爸，告诉宝宝"鸭子在那儿呢"。

知觉能力

宝宝能力测评

1. 当妈妈拿走宝宝正在玩耍的玩具时，宝宝会尖叫乱动表示反抗。　是□　　否□

2. 宝宝能两手各拿一个物体，并对敲着玩。　是□　　否□

3. 当妈妈说"不许"的时候，宝宝会停止现在的动作。　是□　　否□

4. 用手势表示再见、谢谢、点头、摆手中的两种动作。　是□　　否□

5. 懂得家长说的表扬和批评的意思。　是□　　否□

6. 当熟人离开再见时，宝宝会表示亲热。　是□　　否□

7. 完全由家长拿杯子才能喝到水。　是□　　否□

8. 大小便前，会有动作表示。　是□　　否□

9. 宝宝能连续翻身360°。　是□　　否□

10. 宝宝能双手在前面支撑坐稳了。　是□　　否□

评分结果

答是加1分，答否得0分。
9~10分，优秀；7~8分，良好；5~6分，
一般；5分以下，宝宝需要加强训练。

育儿疑问专家连线

Q 冬天很冷，是不是不用外出活动了？

A 即使到了冬季，只要天气晴朗，风不大，可以在中午带宝宝到户外活动两小时。半岁后，宝宝从母体中获得的抗体会慢慢消失。如果不加紧锻炼，让宝宝自身产生抗体，来适应气候的变化，就难以抵御病毒细菌的侵袭。冬天户外活动能增强宝宝呼吸道耐寒能力，对预防呼吸道疾病有积极作用。

Q 冬天空气很干，能给宝宝用加湿器吗？

A 加湿器是保持室内适宜湿度的理想选择，对宝宝没有伤害，但要注意放在宝宝碰不到的地方。室内放盆水，暖气上放湿毛巾，地上泼水，也会增加室内湿度，但这种方法提高的湿度，对保护婴儿呼吸道黏膜没有太大的意义。

Q 妞妞 5 个半月了，每天的奶量约 700 毫升，体重 6.5 千克。这两个月体重几乎没怎么长，已经开始吃米粉和蛋黄了，想让她多吃点，能不能把米粉加在奶中喝？

A 米粉不能放到奶里喂，否则就不能训练宝宝的吞咽和咀嚼能力了。喂辅食要用小勺给宝宝吃。米粉需要逐渐加量，不要因为心急而喂得太多，否则宝宝容易消化不良。

Q 我家宝宝从 5 个月开始，夜间睡眠 1~2 小时就醒，有时 20 分钟醒一次，醒来后闭着眼睛哭闹，抱起来安抚没什么用，只能给喂乳头，怎么办？

A 这是当初没有给宝宝建立好入睡的习惯，养成了宝宝依靠妈妈乳头入睡的习惯。因此，如果宝宝已经吃饱了，也不是尿了或大便了，就不要用乳头安抚睡觉，如果当初建立的这个条件反射不强化，那么就会消失。因此，建议从现在开始，不要用乳头安抚宝宝睡觉，最好夜间由爸爸来安抚，这需要家长的决心。

Q 宝宝夜里尿了，要不要换尿布？

A 有的宝宝即使尿尿了，也不醒，妈妈换尿布，也不影响宝宝睡眠。有的宝宝排尿前就醒，甚至还哭，排尿后不能马上入睡，可能会玩一会儿，也可能会哭一会儿。有的宝宝尿在了尿布上，妈妈怕宝宝淹屁股，就换尿布，结果宝宝醒来，还大声哭。如果宝宝没有尿布疹，尿湿了也不哭闹，夜间可适当减少换尿布的次数，避免打扰宝宝睡眠。

Q 宝宝一吃配方米粉就发湿疹，停了好转，但也没完全好，请问还可以继续添加配方米粉吗？

A 一般来说，营养米粉不会引起宝宝过敏，但也可能有例外。要仔细检查营养米粉的成分，因为各家生产的米粉可能含强化的营养素不同，宝宝可能对其中的一些营养素不适应，建议暂缓添加米粉。

Q 宝宝6个月了，开始添加辅食后就腹泻，第四天出现水样大便，怎么办？

A 刚开始添加辅食可以从一小勺开始，不要急于加量。等宝宝适应三四天后，再逐渐加量。

Q 宝宝6个月时发现蛋白质过敏，前几个月在医院检查了过敏原，结果查出是牛奶过敏，这样的宝宝该如何喂养，如何添加辅食？要注意哪些营养问题？

A 对蛋白质过敏的宝宝，应选用特殊的配方奶粉喂养。可以根据过敏程度选择部分水解蛋白、深度水解蛋白以及氨基酸等配方奶粉，是可以满足宝宝生长发育对营养素的需求的。这种宝宝添加辅食的月龄、辅食添加的种类、辅食添加的顺序及添加的原则和其他宝宝没有太大的区别，只是添加那些容易过敏的食物时要谨慎，一旦出现过敏应该停止喂食。

6个月宝宝
能力图解

语言沟通

哭闹时，会因妈妈的抚慰而停止

看他时，他会回看你的眼睛

自我控制和
社会交往

逗他会微笑

喂他吃东西时，他会张口或用其他
的动作表示要吃

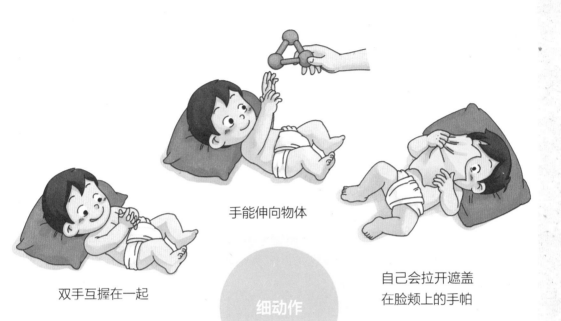

手能伸向物体

双手互握在一起

自己会拉开遮盖
在脸颊上的手帕

细动作

粗动作

抱直时，脖子竖直，
头保持在中央

会自己翻身（由俯卧变成仰卧）

可以自己坐在有靠
背的椅子上

第7个月 就爱黏妈妈

这个时期的宝宝，身体发育开始趋于平缓。宝宝体重增长速度比较缓慢，但还是在上升。体重增长受营养、护理方式、疾病等因素的影响。这时宝宝更喜欢和妈妈在一起，不愿意妈妈离开。

宝宝成长档案

生理指标	男宝宝	女宝宝
体重（千克）	6.5~10.22	6.0~9.5
身长（厘米）	64.5~74.5	62.5~72.6

宝宝发育特点

不高兴了会噘嘴

看见自己认识的人会露出微笑

身体能自如翻滚

能用手抓东西吃

可以自己拿着奶瓶喝奶

扶站在大人的膝盖上能蹦跳起来，腿部更有劲了

大人扶着站立时跃跃欲试地想跳

育儿要点提醒

❀ 避免浪费母乳

到了宝宝第 7 个月时，妈妈的母乳如果分泌得仍然很好，还不时感到奶胀，甚至向外喷奶的话，就没有必要减少喂母乳的次数。

❀ 家庭常备外用药

创可贴、气雾剂、碘伏、过氧化氢、酒精、凡士林、婴儿油、红霉素或金霉素眼膏、开塞露、软便剂、痱子洗剂、尿布疹膏、鞣酸软膏、硝酸软膏、宝宝金水、十滴水等。

❀ 妈妈自制宝宝辅食要点

1. 做辅食的工具干净卫生。
2. 做辅食的材料新鲜优质。
3. 制作辅食要清淡、细烂。
4. 宝宝辅食最好采用蒸、煮的方式，尽量保持营养素。

❀ 宝宝克服怕生的方法

1. 让宝宝对客人熟悉后再与之接近，消除宝宝恐惧心理。
2. 给宝宝熟悉陌生环境的时间，给他一个适应的过程。
3. 多带宝宝接触外界，开阔宝宝的视野，慢慢就会克服怕生的现象。

❀ 警惕可能给宝宝带来危险的物品

这时候，宝宝会把所有能抓到的东西都往嘴里塞，所以妈妈应用收藏盒收好所有小物品，放到宝宝拿不到的地方。

❀ 宝宝乳牙清洁方法

1. 宝宝能吃固体食物前，一般不需要专门给宝宝清洗牙齿，可以在吃完奶后喝口温水清洗乳牙。
2. 宝宝开始吃固体食物后，就要每天一早一晚给宝宝刷牙了。
3. 随着宝宝乳牙长齐，就应使用儿童牙刷和牙膏了。

膳食营养补给站

❀ 本月宝宝营养需求

第 7 个月宝宝的主要营养源还是母乳或配方奶粉，辅食只是补充部分营养素的不足，需要添加的辅食是以含蛋白质、维生素、矿物质、糖类为主要营养素的食物，包括蛋、肉、蔬菜、水果、米粉、烂面条等。

❀ 辅食的营养应多元化

此时，宝宝对营养的要求更细致丰富。给宝宝的辅食更应丰富多样，如胡萝卜、番茄、洋葱等。

对容易便秘的宝宝可以多选择一些菠菜、白菜、萝卜、红薯等富含膳食纤维的食物。

辅食应从泥状逐渐变为糊状，放入宝宝的口中稍微含一下就能吞下，食物的颗粒也可变粗一点，不再需要过滤，水分也可逐渐减少。

要避免给宝宝吃油炸、膨化、罐头等食品。给宝宝选择专门的婴幼儿食品时，要注意品牌的知名度，从正规渠道购买。

油菜

胡萝卜

红薯

西蓝花

这些食材膳食纤维丰富，宝宝多吃，可以预防便秘

番茄

白菜

菠菜

苹果

宝宝辅食制作

为宝宝制作辅食时，首先要保证食品安全卫生，适合宝宝食用。此外，要讲究烹调方法，使食物色香味俱全。因此，应做到下面5点：

干净

在为宝宝准备辅食时，要用到很多用具，如案板、锅、铲、碗、勺等。这些用具最好能用清洁剂洗净，充分漂洗，并用沸水或消毒柜消毒后再用。此外，最好能为宝宝单独准备一套烹饪用具，以有效避免感染。

选择新鲜优质的食材

最好挑选没有化学物质污染的绿色食品，尽可能新鲜，还要认真清洗干净。

单独制作

宝宝的辅食一般都要求清淡、细烂，所以，要为宝宝另开小灶，不要让大人的过重口感影响到宝宝。

采用合适的烹饪方式

为宝宝制作辅食最好采用蒸、煮等方式，并注意时间不要太长，以维持原料中尽可能多的营养素。辅食的软硬度应根据宝宝的咀嚼和吞咽能力来及时调整。食物的色、味也应根据宝宝的需要来调整，不要按照妈妈自己的喜好来决定。

现做现吃

隔顿食物在味道和营养上都会大打折扣，还容易被细菌污染，所以不能让宝宝吃上顿剩下的食物，最好现做现吃。为了方便，可以在准备生的原料（如菜碎、肉末）的时候，一次性多准备些，再根据宝宝的食量，用保鲜膜分开包装后放入冰箱保存，但这样处理过的原料一定要尽快食用。

潮妈育儿新招

防碎屑围嘴
——兜住从宝宝嘴里漏下的食物

防碎屑围嘴采用人体工程学原理设计，完美贴合宝宝。柔软舒适的围嘴可接住从宝宝嘴里漏下的食物。颈带为柔软的串珠环，并带有可调节按扣，而且只需要用清水冲洗即可。

红薯泥

宽肠胃，防便秘

材料　红薯30克。

做法

1. 红薯洗净，去皮。
2. 将红薯放入蒸锅中蒸熟，用汤匙压成泥即可。

蛋黄土豆泥

增强免疫功能

材料　熟蛋黄1个，土豆1个。

做法

1. 熟蛋黄压成泥；土豆煮熟去皮，压成泥。
2. 锅中放入土豆泥、蛋黄和温水，放火上稍煮开，搅拌均匀即可。

科学护理指南

❀ 三大方法帮助宝宝克服怕生

第7个月，一些宝宝开始怕生，对一些陌生的人或事物都会表现出恐惧。实际上，这是宝宝认知能力的一大进步，爸爸妈妈应帮助宝宝克服怕生。

解决方法	具体内容
让宝宝对客人熟悉后再与之接近	如果家里来了与宝宝不熟悉的客人，可把宝宝抱在怀里，大人先交谈，让宝宝有观察和熟悉的时间，慢慢甩掉恐惧心理。这样，宝宝就会高兴地和客人交往。如果宝宝出现了又哭又闹的行为，就要立即将宝宝抱到离客人远一点的地方，过一会儿再让宝宝接近客人
给宝宝熟悉陌生环境的时间	宝宝除了惧怕生人，还会惧怕陌生的环境。这时，爸爸妈妈要注意，不要让宝宝独自一人处在陌生的环境里，要陪伴他，让他有一个适应和习惯的过程
多带宝宝接触外界	平时，爸爸妈妈要多带宝宝出去接触陌生人和各种各样的有趣事物，开拓宝宝的视野，还可以带宝宝去别人家做客，特别是那些有与宝宝年龄相仿的小朋友的人家，让宝宝逐渐习惯于这种交往，克服怕生

奶爸育儿经

宝宝最需要的是快乐

宝宝有权享受快快乐乐的生活。爸爸为宝宝东奔西走，忙前忙后，盯着宝宝的吃喝拉撒，盯着宝宝的高矮胖瘦，盯着宝宝的一举一动。实际上，这些都是宝宝生长发育中不可缺少的哺育，可大多数的爸爸往往会忽视。最应该给宝宝的是什么？宝宝最应该得到的是什么？最需要的是什么？实际上，宝宝最需要的是快乐，多给宝宝自由的时间，多些自然的养育，多些宝宝自己的选择，多和宝宝玩就是最大的爱。

❀ 生活中注意宝宝安全

护栏助安睡

宝宝的睡床要有护栏，床架应适当调低一点，床边还要摆放小块的地毯。注意绝对不要在附近放置熨斗、暖水瓶之类的物品。万一宝宝从床上摔到地上，碰到这些器具，不仅可能会伤了脸，造成终身的疤痕，还可能会引起更加严重的后果。

防磕碰

家具边角应尽量选择圆角，或用塑料安全角包起来。如果卧室在楼上，要加设一道安全门。

家具、门、窗的玻璃要安装牢固，避免因碰撞引起破碎。所有的门都要加设门卡，以免夹住宝宝的手指。

防误伤

1. 除去所有台布，防止宝宝因扯掉台布而被上面落下的东西砸伤。

2. 玩具放在较低的地方，切不可在地上乱放，以免宝宝不留心摔倒。

3. 把茶几收拾整齐，热的或重的东西，以及打火机、火柴、针、剪刀、酒等危险品，不要放在茶几上面，也不要放在宝宝能够到的地方。

4. 不要让宝宝触碰容易打碎的东西。墙上的搁物架要固定好，高度以宝宝够不着为准。

防触电

1. 电线应沿墙根布置，也可以放在家具背后，尽量布置得隐蔽一些、短一些。床头灯的电线不宜过长，最好选用壁灯，以减少明线的使用。尽量用最短的电线接电器，不用的电器应拔去电源。

2. 电视机、影碟机等电器要放在宝宝够不到的地方，不用时应切断电源。

3. 冬天使用的电暖器和夏天使用的电扇都不要放在床前。

防中毒

1. 家里不要种植有毒、有刺的植物。

2. 化学制剂（如药品、清洁剂、化妆品等）要妥善保存，防止宝宝接触到。

如果宝宝单独睡觉，妈妈要把婴儿床放到自己床旁边，避免婴儿从床上掉下来，造成伤害

❀ 乳牙也要清洁

乳牙如何清洁

1. 宝宝能吃固体食物前，一般不需要专门给宝宝清洗牙齿。

2. 宝宝开始吃固体食物后，就要每天一早一晚给宝宝刷牙了，八九个月大的宝宝，妈妈可以用套在手指上的软毛牙刷清洁，不必用牙膏，但要注意让宝宝饭后漱口。

3. 随着宝宝乳牙长齐，就应使用儿童牙刷和牙膏了。

刷牙习惯从现在开始培养

从宝宝长牙开始到3岁（3岁后，培养宝宝自己刷牙），妈妈最好每天为宝宝刷牙，且仔细地从里到外、从上到下刷。长大后，即使没有进行任何专门指导，宝宝也完全可以根据口腔的感觉掌握正确的顺序和动作。

有的成年人做不到早晚两次刷牙，那是因为儿童时期没有养成按时刷牙的好习惯，任何教育都很难改变婴幼儿时期养成的习惯。一旦我们帮助宝宝掌握了正确的刷牙方法，并养成按时刷牙的好习惯，他就会把这个习惯保持下去。对于爸爸妈妈来说，这是一项一劳永逸的教育。

❀ 家庭常备小药箱

家庭常备外用药及其用途

药物名称	用　途
创可贴	用于轻伤口的包扎止血
好得快气雾剂	用于轻微（无伤口，但稍有红、肿、痛）的扭伤
碘伏、过氧化氢、酒精等	主要用于清洁、消毒伤口，避免感染
凡士林、婴儿油、红霉素或金霉素眼膏	两种眼膏不仅能用于眼病，还可用于口唇疱疹、鼻腔干燥等
开塞露、软便剂	临时通便
痱子洗剂、尿布疹膏、鞣酸软膏、硝酸软膏	皮肤斑疹，局部用
宝宝金水、十滴水	夏季祛痱消暑用

家庭常备内服药

类　别	药物列举
感冒药	感冒清热冲剂、板蓝根冲剂、藿香正气胶囊、双黄连冲剂、小儿速效感冒片
退热药	解热止痛片、复方阿司匹林片、小儿退热口服液、泰诺口服液、小儿退热栓
止咳化痰药	小儿止咳糖浆、伤风止咳糖浆、蛇胆川贝液、小儿珍贝散、复方甘草片
助消化药	小儿消食片、多酶片、乳酶片、妈咪爱
消炎药	阿莫西林粉剂、美欧卡、罗红霉素
维生素类药	维生素 C、维生素 B_2
补钙药	浓鱼肝油滴剂、贝特令（胶丸）、伊可新、可乐贝贝多（滴剂）、龙牡壮骨冲剂

宝宝婴语解密

枕秃

宝宝自述

我马上就 7 个月了，可脑后的那一圈依然还是那么锃亮。早些时候剃的光头，其他地方都已经长出头发来了，可那一圈还是寸草不生，可把妈妈急坏了。

婴语解析

有的宝宝头部接触枕头的部位头发少或没有头发，这就是人们常说的"枕秃"，医学上称之为"环形脱发"。不少家长认为枕秃就是缺钙，其实不尽然，造成枕秃的原因很多，要分别处理。

育儿直通车

枕秃是缺钙的一种表现，但并不能说枕秃的宝宝就是缺钙。宝宝因汗多而头痒，躺着时喜欢磨头止痒，时间久了后脑勺处的头发被磨光了，也会形成枕秃圈。有的宝宝在夏季出汗或家长为其着装过多，容易出汗，引起皮肤发痒。还有些头面部有湿疹，也会引起皮肤发痒。这些都会使宝宝在枕头上蹭头，出现枕秃。

➕ 家庭医生

❀ 口腔中的鹅口疮

宝宝的口腔内壁如果出现充血和发红，有大量白雪样、针尖大小的柔软小斑点，不久即可相互融合为白色或乳黄色斑块，且斑块不易擦掉，若用干净的纱布擦拭会出血或出现潮红色的不出血的红色创面，这是婴儿常见病症鹅口疮。诱因有口腔不清洁、先天性营养不良等，确认宝宝患了鹅口疮后，应在医生指导下用制霉菌素进行治疗。

得了鹅口疮之后，宝宝因为疼痛不愿吃东西或不肯吸吮时，应耐心地用小勺慢慢喂其奶或其他食物，以保证营养摄入。大点的宝宝应该给予高热量、高维生素、易消化的流质或半流质食物，以免引起疼痛。同时应给患儿多喂水，以清洁口腔，防止感染。

预防宝宝出现鹅口疮，就要注意饮食卫生，宝宝的奶瓶、奶嘴、碗勺要专用，每次用完后须用碱水清洗并蒸煮 10～15 分钟消毒。哺乳期的妈妈应注意清洗乳晕、乳头，并且要经常洗澡、换内衣、剪指甲，抱宝宝时要先洗手。被褥要经常拆洗、晾晒，宝宝的洗漱用具要和大人的分开，并定期消毒。经常进行户外活动，提高抵抗力。

❀ 宝宝常见腹痛症

宝宝哭闹是否由腹痛引起，可通过观察他的表现来判断。

患急性阑尾炎的病儿喜欢向右侧卧，双腿微屈，维持这样的体位可以减轻疼痛。

患胆道蛔虫症的病儿，由于蛔虫钻入胆道，活的蛔虫在胆道内骚动，引起剧烈的上腹部痉挛，痛时高声叫喊、坐卧不安，或屈体捧腹、爬滚在地，病儿常用两手抓上腹部的皮肤或要父母揉按。

一个健康的宝宝，如果骤发号哭，两手紧握乱动，面色苍白，满头大汗，拒绝进食，也是腹痛的表现；若这种现象反复出现，在腹痛缓解时，病儿能拿玩具或吃奶，但时而却又哭闹，同时出现恶心、呕吐和便血，据此基本可断定患的是急性肠套叠。

怀疑宝宝患腹痛症时，爸爸妈妈首先必须进行细致的观察，不要惊慌失措，在就医时将观察到的现象告诉医生，有利于对病儿尽早做出诊断。

❀ 宝宝肺炎的识别和患肺炎时的照护

对于爸爸妈妈来说，学会肺炎的识别和家庭照护十分重要。

当宝宝安静的时候，你可以观察他胸、腹部的起伏，来数 1 分钟呼吸次数，当

0~2个月的宝宝，呼吸次数大于或等于60次/分钟，2~12个月宝宝呼吸次数大于或等于50次/分钟，1~3岁宝宝呼吸次数大于或等于40次/分钟，均可判断为呼吸增快，进而根据呼吸有啰音、发热等诊断宝宝为轻度肺炎。

重度肺炎的诊断还须加上"胸凹陷"，重度肺炎必须及时到医院治疗。

没有呼吸增快和胸凹陷的宝宝，仅仅有咳嗽、流涕等症状就可以视为上呼吸道感染。继续进食，多喂水，注意观察病情变化，是家庭护理的三原则。

✿ 手足口病的早期发现和护理

手足口病是一种急性传染病，多见于3岁以下小儿，发病季节多在4-7月。除有发热、咳嗽、全身不适等症状外，主要表现在宝宝手、足、口三处出现小水疱，而水疱迅速破裂形成糜烂面、浅溃疡。两岁以下小儿发病者还会出现中枢神经症状。

预防手足口病父母应做到：饭前便后、外出回来后要给宝宝洗手，避免让宝宝接触患病的宝宝。接触宝宝前，替宝宝更换尿布、处理粪便后均要洗手，并妥善处理污物。宝宝使用的奶瓶、奶嘴使用前后应充分清洗。疾病流行期间不宜带宝宝到人群聚集的公共场所，居室要经常通风，及时对宝宝的衣物进行清洗晾晒或消毒。宝宝出现相关症状要及时就医。轻症的宝宝不必住院，宜居家治疗、休息，以减少交叉感染。

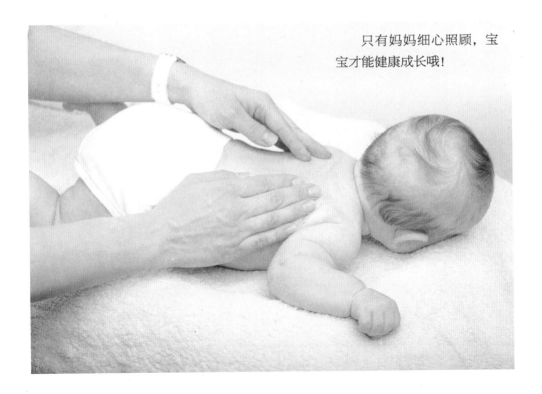

只有妈妈细心照顾，宝宝才能健康成长哦！

宝宝智力加油站

学爬行

 方法 让宝宝俯卧在床上，爸爸拿着玩具在前面逗引，让宝宝爬过来拿玩具。妈妈在后面挪动宝宝的一个膝盖至腹部下方，然后再挪动另一个膝盖，帮助宝宝向前爬行。

目的 锻炼宝宝的身体平衡性，促进整体运动技能的发展。同时，也锻炼四肢和颈部的支撑力和胸腹背的肌肉，促进宝宝的健康成长。

 专家指导建议

帮宝宝做这种被动爬行的游戏，每次的时间不宜过长。

大动作能力

敲敲打打

方法 准备一些木质积木、纸质的盒子和塑料的小玩具，教宝宝撞击木质积木，并听积木玩具发出的声音。拿两个塑料的小玩具进行对击，让宝宝同样去做。

目的 通过敲打积木或者其他玩具的方法，锻炼宝宝手臂的力量。

专家指导建议

妈妈也可以准备一些其他小玩具，让宝宝听听不同的玩具发出的声音，刺激其听觉发育。

精细动作
能力

丁零零，电话来了

方法 让宝宝靠坐在床上，妈妈坐在对面。妈妈扮演两个角色，演示妈妈和宝宝的对话。妈妈拿起玩具电话，对着电话说："喂，宝宝在家吗？"然后帮助宝宝拿起电话，说："丁零零，来电话了！"

目的 调动宝宝说话的热情。

专家指导建议

妈妈用打电话的形式能调动宝宝对语言的兴趣，帮助宝宝认识一种与人交流的新形式，提升其人际交往的能力。

语言能力

宝宝能力测评

1. 开始认识身体的部位，听到声音能做出挤眼、纵鼻、噘嘴等动作。 是□ 否□

2. 宝宝能找到盖住大半只露出一点的玩具。 是□ 否□

3. 可以按照指示把玩具给爸爸、妈妈、奶奶中的两人。 是□ 否□

4. 可以用摇的方法摇响玩具。 是□ 否□

5. 可以用动作表示再见、谢谢、您好等。 是□ 否□

6. 知道家长高兴、悲伤、生气三种表情。 是□ 否□

7. 看到亲人，宝宝会展开双手要人抱。 是□ 否□

8. 大小便前宝宝会发出声音表示。 是□ 否□

9. 当妈妈用手巾兜起宝宝腹部，宝宝可以用手膝爬行。 是□ 否□

10. 宝宝自己可以坐起来。 是□ 否□

评分结果

答是加1分，答否得0分。
9~10分，优秀；7~8分，良好；5~6分，一般；5分以下，宝宝需要加强训练。

育儿疑问专家连线

Q 宝宝睡觉仰卧好，还是俯卧好？

A 仰卧和俯卧各有利弊。仰卧式有利于肌肉的放松，也不会使内脏器官受压，但仰卧有可能溢奶，导致误吸。俯卧式睡姿可增加婴儿头部、颈部和四肢的活动，并能促使心肺等器官功能的作用，但可能发生猝死。宝宝的睡姿顺其自然最好，但是仰卧时，要注意防止宝宝溢奶后误吸。

俯卧时要将床上的一切物品清理干净，特别是不能有松软的物品出现，以免堵塞口鼻；侧卧需要经常左右换方向，以免睡成偏头。

Q 我家宝宝6个月零10天了，母乳喂养，精神状态好，会翻身，会独坐但不稳，只是竖抱时背部挺直，平时却总是弯着，这是缺钙吗？

A 对于母乳喂养的宝宝，需要每天及时补充维生素D，多吃一些含钙多的食品，适当补充钙质。6个月的宝宝正是学习独立坐的阶段，目前不能很好独坐，也有可能，这也是正常的情况，加强训练即可。

Q 我家宝宝6个月零11天了，是母乳喂养的，已经添加米粉、香蕉泥和苹果泥了。自从添加辅食后，便便就是墨绿色，这正常吗？

A 大多数绿色大便，只要形状正常都是正常的大便。

Q 宝宝7个月了，母乳喂养，但到现在辅食都不吃，看见汤勺就嘴巴紧闭、躲开，怎么哄都不吃，怎么办？

A 不要断母乳，现在一定要给宝宝添加辅食了，否则太晚会影响其发育，而且宝宝还会更加拒绝辅食。每次喂辅食哪怕只喂一小勺，只要开始了，宝宝就会慢慢习惯的。

Q 翻阅了一些书籍，说 7 个月不要把尿，否则会不利于膀胱储存功能的建立。那么，什么时候开始把尿比较好？

A 1 岁以内的宝宝不建议把尿。学会了坐可以坐盆大便，1 岁后学会简单说话，逐渐训练用语言表示小便，家长及时让宝宝坐盆，小便成功后及时给予表扬，宝宝就会乐意去重复。建议，宝宝小便时最好带宝宝去卫生间，告诉他这是大小便的地方。男宝宝建议爸爸带着去，方便学习和模仿。

Q 我家宝宝是 36 周零 4 天出生的，现在 7 个月，6 个月体检时，血红蛋白 72 000mg/L，骨密度 2800m/sec，3 个月时因为湿疹没及时治疗影响了生长，现在还不会翻身，不会独坐。目前每天大部分是纯母乳喂养，奶粉 200 毫升，一小碗红枣粥，每天 1 粒维生素 D，宝宝怎样能追上正常生长水平？

A 宝宝首先要解决的问题是贫血，要及时纠正。因为缺铁性贫血会影响宝宝生长发育和智力的发育。对于你家宝宝，最好用药物补充铁剂。赶紧去医院治疗，如果耽误了会很难追上的。

Q 请问婴幼儿喝奶粉阶段是否有必要添加市售的牛奶伴侣呢？这种清火宝有各种功能，什么补充益生元之类的，真有这种作用吗？

A 益生元能通过促进肠道正常菌群生长，保证人体健康，而且不被肠道消化。益生元多指低聚果糖、低聚半乳糖等。从营养和医学角度，并没有需要给配方奶粉添加助消化伴侣的依据。正常母乳或者配方粉喂养，合理添加辅食，就没必要添加"伴侣"。

第8个月 各种爬行秀

这个时期，爬行对宝宝的身心健康非常有益，是预防宝宝成长期感觉综合失调的重要方法。感觉综合能力是大脑的高级功能，是思维、语言、推理等发展的基础，也是智慧活动得以充分实现的基础。

宝宝成长档案

生理指标	男宝宝	女宝宝
体重（千克）	6.9~10.8	6.3~10.1
身长（厘米）	65.7~76.3	63.7~74.5

宝宝发育特点

模仿能力加强

能听出自己的名字和熟悉的歌曲

有些宝宝怕见生人

明白一些大人的话

大人扶着能站立

自己能坐着了

多数宝宝开始长牙

会用四肢爬行

能准确地用手抓住物体

会寻找从自己手里掉下的物品

育儿要点提醒

❖ 仍以母乳为主食

虽然辅食的量渐渐增多，但这一时期，宝宝还应以母乳为主食。

❖ 适量增加半固体食物

宝宝进入了旺盛的牙齿生长期，这时候可以逐渐增加一些半固体食物，而不是一味地将食物剁碎、研磨。

❖ 让宝宝品尝不同食物

宝宝7~8个月后，就可以把谷物和肉、蛋、蔬菜分开喂了，这样能让宝宝品尝出不同食品的味道，增加吃饭的乐趣，促进食欲，也能为以后专注吃饭打下基础。

❖ 缓解便秘的方法

1. 便秘的宝宝要多喝温水。

2. 可以选择添加香蕉泥、红薯泥、胡萝卜泥等辅食。

3. 妈妈顺时针按摩宝宝的小肚子也有助于促进排便。

❖ 宝宝咬乳头应对措施

1. 宝宝开始吃着玩时，要及时将乳头拔出来。

2. 如果宝宝咬住了乳头，妈妈要将手指头放在乳头和宝宝牙床之间，撤出乳头，然后很坚决地告诉宝宝，咬乳头是不对的。

3. 为正在长牙的宝宝提前准备一些牙胶。

膳食营养补给站

✿ 本月宝宝营养需求

宝宝第8个月每日所需的热量与前一个月相当，也是每千克体重95~110千卡（1千卡=4.186千焦）。蛋白质的摄入量仍是每天每千克体重1.5~3.0克。脂肪的摄入量比上个月有所减少，上个月脂肪占总热量的50%左右（半岁前都是如此），本月开始降到了40%左右。

铁的需求量明显增加，半岁以前的每日需铁量为0.3毫克，但半岁以后，每日需要的铁量增加了30倍以上。维生素D的需要量没什么变化，仍然是每日10微克，维生素A仍是每日400微克，其他维生素和矿物质的需要量没什么大的变化。

✿ 不应断掉母乳

虽然辅食的量渐渐增多，但宝宝还应以母乳为主食。授乳量虽然会渐渐减少，但仍应保证每天至少授乳3次，总量在500~600毫升。因为宝宝不爱吃辅食而把母乳断掉，是不应该的。母乳毕竟是宝宝很好的食物，不能轻易就断掉。

注意要在吃完辅食后授乳，且不要在辅食和母乳之间有间隔，这是为了保证宝宝一天三顿的好习惯。

✿ 奶和辅食巧安排

宝宝如果一次能喝200~230毫升的奶，就应该在早、中、晚让宝宝喝三次。然后在上午和下午加两次辅食，再临时调配两次点心、果汁等。

宝宝如果一次只能喝100~120毫升的奶，那一天就要喝5~6次，以给宝宝补充足够的蛋白质和脂肪。

喂养的方法可以根据宝宝吃奶和辅食的情况调整。两次喂奶间隔和两次辅食间隔都不要短于3小时，奶与辅食间隔不要短于两小时，点心、水果与奶或辅食间隔不要短于1小时。应该是奶、辅食在前，点心、水果在后，就是说吃奶或辅食1小时之后才可以吃水果和点心。

✿ 宝宝应少量多餐

到第8个月，宝宝开始学会爬行，能扶住某一东西起立，活动量增加了很多，因此应增加辅食来补充热量的需求。但一次消化大量的食物，对宝宝来说是个负担，所以，须少量多餐。

此外，这一时期除辅食外，还应一天喂1~2次零食来补充热量和营养。煮熟或蒸熟的天然食物是适合宝宝的最佳零食。饼干或饮料之类的食物热量和含糖量过高，不宜过多食用。

增加宝宝吃饭的乐趣，妈妈可以让宝宝品尝不同味道的食物，还可以给宝宝选择好看的餐具

❀ 适量喂食宝宝，谨防宝宝肥胖

在饮食方面，爸爸妈妈不要像填鸭那样不停地让宝宝吃东西。一般来说，3 个月以前每千克体重需 120~150 毫升的奶量，4~7 个月维持原来的奶量外，还可以给宝宝增加米糊、麦糊或果汁等辅食，每天的量大约为半小碗。在宝宝进食的过程中，爸爸妈妈要多观察，感觉宝宝吃饱了，就不要再给宝宝喂食了。

家长喂宝宝吃新食物时，要有耐心，多尝试几次，不要强迫宝宝接受，如果这次不接受，那就过两天接着试，或者换个花样再试。如果有些食物是你觉得特别健康，但宝宝就是不接受的话，不妨换个营养接近的替代品。同样是补铁，宝宝不喜欢吃肝泥，不妨试试肉泥，也能达到补铁的效果。

宝宝婴语解密

不爱吃新食物

宝宝自述

我从一出生就是吃妈妈的奶，后来又喝了奶粉，现在妈妈又让我吃更多奇奇怪怪的新食物。这些新食物也像奶那么香甜可口吗？我得先舔一舔、尝一尝，能不能吃下去我还得多试几次。可是妈妈似乎不耐烦了，妈妈啊，你总得给我个适应的过程吧！

婴语解析

很多宝宝天生就抗拒新食物，这和宝宝害怕陌生人、陌生环境是一样的，是出于本能地对自己的保护。这和挑食是两码事，家长要正确对待。

宝宝营养食谱

鸭肝肉泥

补肝明目，预防缺铁性贫血

材料 鸭肝、牛瘦肉各25克。

调料 盐适量。

做法

1. 鸭肝去筋膜，洗净，煮熟，碾成泥。

2. 牛瘦肉洗净，切末，放入耐热的碗中，送入蒸锅内蒸熟，取出，加鸭肝泥拌匀，加盐调味即可。

水果杏仁豆腐丁

消暑解热

材料　西瓜、香瓜各40克，水蜜桃35克，杏仁豆腐50克。

调料　白糖适量。

做法

1. 将西瓜、香瓜分别去皮、去子、切丁；水蜜桃洗净、切丁。

2. 将杏仁豆腐切块。

3. 碗中加入适量开水，加入白糖调味，凉后加入西瓜丁、香瓜丁、水蜜桃丁和杏仁豆腐丁即可。

科学护理指南

❀ 宝宝着装应考虑的问题

1.面料以柔软、吸汗、不起静电的纯棉为佳，并兼顾保暖和耐磨的需要。

2.颜色要上下搭配，做到整体协调。

3.款式要与活动内容相适应，最好以简洁、大方、实用为主，减少不必要的装饰和配件。

4.跟爸爸妈妈外出时，要注意让宝宝的衣着与爸爸妈妈的穿戴相协调。

给宝宝选择衣服，不仅要考虑美观和实用，还要特别注意安全问题。根据国家有关纺织品的规定，婴幼儿服装属于A类，直接接触皮肤类的服装属于B类，其他非直接接触皮肤类的服装属于C类。

因此，在为婴幼儿购买衣服时，首先应该看服装的标签上是否有A类婴幼儿服装的字样，如果没有，则有可能会影响宝宝的健康。

❀ 顽固性便秘的应对策略

有些宝宝这一时期会出现便秘的情况。判断是否便秘，不能依照大便间隔时间长短判断，要根据大便的软硬程度。如果大便过硬或呈小粒状，就是便秘了。由于大便过硬宝宝在大便时往往觉得疼，所以宝宝害怕排便，即使有便意也不愿意排便，从而导致便秘更加严重，甚至形成顽固性便秘。可以通过下面的措施进行缓解：

1.便秘的宝宝要多喝温水。

2.可以选择添加香蕉泥、红薯泥、胡萝卜泥等辅食，用梨汁、苹果汁、西瓜汁、蔬菜汁代替橘汁、橙汁。

3.妈妈顺时针按摩宝宝的小肚子也有助于促进排便，要持续按摩3分钟。

❀ 布置家庭运动场

安全的小床

床边要有不低于 90 厘米的坚固栏杆，并且床内不要放大型玩具，比如大狗熊、大充气玩具等，防止宝宝爬上玩具，翻过栏杆摔着自己。

准备一间房做运动场

有较大居室的家庭，可以单独拿出一小间房作为宝宝的运动场。要把房间内不牢固的、细碎的家具、物品（如饮水机、茶具、花架等）全部搬走，电源线和插座也要尽量隐藏或封闭起来。任何角落都要打扫干净，铺上地垫或者木地板，让宝宝能在上面自由自在地运动。

围出一片运动场

面积较小的居室，可以用家具围出一片运动场，用墙角、床、柜子、沙发等作为运动场的边界，地面铺上塑胶地板或者毯子，以便宝宝在上面翻滚爬行。

❀ 从宝宝的睡相看健康

正常情况下，宝宝睡眠时安静、舒坦，天热时头部微微出汗，呼吸均匀无声，有时候小脸会出现各种表情。但是，当宝宝患病时，睡眠就会出现异常改变。

异常睡眠	相关疾病
烦躁、啼哭、易惊醒，入睡后全身干涩，面红，呼吸粗、重、急促，脉搏快	预示着即将发热
入睡后撩衣蹬被，两颧及口唇发红，口渴喜欢喝水，手心、脚心发热	中医学认为这是阴虚肺热所致，预示着肺部的问题
入睡后面朝下，屁股抬高，并伴有口舌溃疡、烦躁、惊恐不安等症状	中医学认为是心经热，这常常是宝宝患各种急性热病后，余热未净所致

奶爸
育儿经

给宝宝自制声音玩具

自从宝宝学会互相敲打手中的玩具后，他就会喜欢上敲打发声这个游戏。作为爸爸除了陪宝宝一起玩敲打游戏，还要帮宝宝自制一些敲打发声的玩具。如给宝宝做个小木槌，让宝宝自己敲着玩。

✿ 如何应对宝宝咬乳头

现在是宝宝长牙的高峰期，很多宝宝会把妈妈的乳头当作天然"牙胶"，喜欢在吃完奶后咬乳头。娇嫩的乳头被宝宝的小牙咬住是非常疼的，如果不能改掉宝宝咬乳头的习惯，很有可能会导致乳头皲裂甚至是乳腺炎。妈妈可以采取下面的措施：

1. 一般宝宝咬乳头时都是吃饱之后。所以妈妈们要注意观察，如果宝宝的吞咽动作放缓，开始吃着玩时，要及时将乳头拔出来，避免被咬。

2. 如果宝宝咬住了乳头，妈妈最好不要大声喊叫，而是将手指头放在乳头和宝宝牙床之间，撤出乳头，然后很坚决地告诉宝宝："不要咬妈妈！"让宝宝知道咬乳头是不对的。

3. 还可以在感觉到宝宝咬乳头时，将宝宝的头轻轻压向你的胸口，堵住他的鼻子。这样宝宝就会为了更顺畅地呼吸而主动松开嘴。反复几次之后，就能改掉宝宝咬乳头的习惯，因为他已经知道咬乳头也会让自己不舒服。

4. 妈妈要为正在长牙的宝宝提前准备一些牙胶，这样也可以避免宝宝咬乳头。

✿ 宝宝流鼻涕的应对措施

很多妈妈见到宝宝流鼻涕、打喷嚏，就会认为宝宝是感冒了。但是流鼻涕不仅仅是感冒的症状，还有可能是对周围环境过敏引起的。

如果是感冒引起的流鼻涕，而且没有发热、咳嗽等症状，那么只要注意保暖，并且给宝宝多喝水就可以，没必要一发现感冒就吃感冒药。

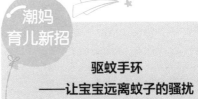

潮妈
育儿新招

驱蚊手环
——让宝宝远离蚊子的骚扰

夏天，很多宝宝外出玩耍时，经常会被蚊虫叮咬，有一种驱蚊手环，可以帮助宝宝消除这种烦恼。内含香茅草精油、柠檬尤加利精油、薰衣草提取物等纯天然精油成分，可以帮助宝宝避开蚊虫的叮咬，还能安定情绪，令人愉悦。

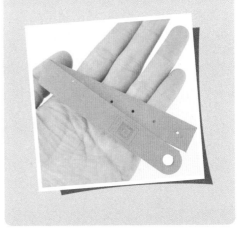

🏥 家庭医生

✿ 婴幼儿发热

宝宝发热是每一个妈妈都会遇到的常见问题，有时候看着宝宝好好的，可是不一会儿额头就好像有点热了，很让年轻的妈妈着急，不知道该怎么办才好。

宝宝的正常体温应该在 35.5~37.5℃，但是不能说宝宝过了 37.5℃ 就是发热了，因为有的宝宝基础体温可能会高一点，有的时候可能会超过 37.5℃，所以一定要因人而异。一般情况下，超过 37.5℃ 就可以判断宝宝发热了。

✿ 正确对待发热的利与弊

很多妈妈把宝宝发热看成是洪水猛兽，唯恐避之不及，其实，宝宝发热并不是完全没有好处，只要是在一定的范围内，妈妈就不要过度地担心。

宝宝发热的弊端	宝宝发热的好处
持续的高热，会造成人体内的器官、组织调节功能的异常。而且高热还会造成大脑皮层处于过度兴奋或者是高度抑制状态，让身体防御疾病的能力下降，增加感染其他疾病的风险。	可以让免疫系统启动起来，尽可能消灭侵犯健康的有害病菌，促进人体的免疫系统更加成熟。

有的妈妈在发现宝宝有发热的症状之后就赶紧采取退热的措施，使用退热药，让宝宝的体温尽快降到 37℃ 以下，这样就无法促成免疫系统的启动，其实，只要是保持体温不高过 38.5℃，尽量减少宝宝的不适感，多饮水就行。

❖ 应对宝宝发热的两种方法

物理降温

当宝宝的体温在 38.5℃以下的时候，适宜采用物理降温的方法帮助宝宝进行退热，所以要想帮助宝宝退热，就要从这几个途径入手：首先，要保证宝宝有足够的水分摄入，因为退热主要是通过皮肤蒸发水分来实现的，如果体内水分不足，退热效果就会受到限制。其次，要在室温合适的情况下，尽量减少衣物以利于皮肤的散热。另外，洗温水澡、敷热毛巾都是不错的物理降温方法。

药物降温

宝宝发热之后，如果没有超过 38.5℃，最好的方法就是采取物理降温。如果超过了 38.5℃，就要使用退热药了。

在选择退热药物的时候，要注意其中的药物成分，建议选择成分有"对乙酰氨基酚"和"布洛芬"的药物。

"对乙酰氨基酚"也被称为"扑热息痛"，常见的商品名有"泰诺林"和"百服宁"；"布洛芬"常见的商品名有"美林"。在使用退热药物的时候，建议这两种药物交替使用，避免一直使用同一药物可能导致的副作用。同时也要注意，不要给 12 岁以下的儿童服用含有阿司匹林的退热药。

含有这两种成分的退热药有各种剂型，在选择上也是需要注意的。儿童药物有幼儿型和儿童型，每种剂型的药物浓度不同，使用的剂量也是不同的，所以在使用上妈妈一定要多注意。

宝宝智力加油站

盒子里寻宝

方法 准备一些小玩具放在一个抽屉样的硬纸盒里。在宝宝的注视下，妈妈打开盒子拿出一件玩具。演示几次后，将盒子给宝宝，让宝宝试着打开盒子找玩具。妈妈先在旁边指导，训练几次后就让宝宝自己打开盒子。

目的 帮助宝宝学习用手指捏盒子、捏玩具、握住玩具等动作。

 专家指导建议

妈妈给宝宝的盒子不要太大，而且要容易打开。当宝宝找到玩具时，应及时鼓掌加以激励。

大动作能力

大球和小球

方法 准备一大一小两个球（大小差别要明显）。和宝宝面对面坐在地板上，把球摆在宝宝面前。妈妈对宝宝说："这是大球，那是小球，宝宝来摸一摸、玩一玩。"通过语言的重复和宝宝抚摸感知来强化"大"和"小"的概念。

目的 训练宝宝对大小的感知。

专家指导建议

大和小是很重要的数学概念，宝宝开始可能很难理解它们。可先让宝宝认识"大"，引入"大"的概念，先不用提及"小"，但两个物体的比较还是需要的。

逻辑能力

拍打水面

方法 在宝宝的浴盆中注满温水，将宝宝放在温水中，妈妈轻轻擦拭宝宝的身体，妈妈和宝宝打水仗，教宝宝拍打水面，并且可以有节奏地拍打，让宝宝感受学习。

专家指导建议

　　家里有浴缸的话，妈妈可以和宝宝一起在浴缸中游戏，还可以让宝宝感受一下喷出的水。

目的 促进宝宝的触觉能力发展，也能培养宝宝的节奏感。

逻辑能力

宝宝能力测评

1. 一次可以按照妈妈的指示拿起 4 种玩具。　　　　　　　是□　　否□

2. 可以认识身体的两个部位。　　　　　　　　　　　　　是□　　否□

3. 可以用手指按电视、录音机、电灯、收音机中的 3 种开关。　是□　　否□

4. 可以叫出爸爸妈妈中的一人。　　　　　　　　　　　　是□　　否□

5. 会给布娃娃盖被子。　　　　　　　　　　　　　　　　是□　　否□

6. 当别人谈到自己时，宝宝会藏到妈妈身后，表示害羞。　是□　　否□

7. 会用勺子凹面向上盛到食物。　　　　　　　　　　　　是□　　否□

8. 妈妈给宝宝穿衣服时，宝宝会伸手和头配合。　　　　　是□　　否□

9. 现在可以手膝一起爬行了。　　　　　　　　　　　　　是□　　否□

10. 扶着物体，会横行跨步。　　　　　　　　　　　　　　是□　　否□

评分结果

答是加 1 分，答否得 0 分。
9~10 分，优秀；7~8 分，良好；5~6 分，
一般；5 分以下，宝宝需要加强训练。

育儿疑问专家连线

Q 我家宝宝已经快 8 个月了，可还是坐不稳，有时需要人帮忙支撑，是因为他太胖了，还是缺钙等其他原因呢？

A 运动能力发展缓慢和缺钙没有必然的联系。宝宝超重确实会影响运动能力发育。如果宝宝还不能独坐，或者不喜欢坐，那也不必强求。建议可以让宝宝多趴着。趴着可以锻炼宝宝的腰背部肌肉，可以帮助他练习爬行，增强肢体的协调性。

Q 我家宝宝近期不爱吃东西，喂辅食时每次只吃一点点，就不愿再吃了，喝母乳量也少。不知道什么原因，需要补锌吗？

A 宝宝不爱吃饭可能与宝宝逐渐对外界更感兴趣，常常被外界的物体、声音等吸引，因此转移吃奶或辅食的注意力有关，一般来讲和缺锌没有太大关系。所以建议宝宝吃饭的环境要安静，不要让其他事物分散他吃饭的注意力。

Q 女宝宝 8 个月，还不会翻身，但能坐，扶她腋下时会在大人腿上有力地蹦跳，但站立时只有脚尖着地，正常吗？

A 宝宝站立时，如果是脚尖着地，说明宝宝还不具备站立的能力。所以不建议让宝宝过早站立，否则对婴儿脚弓、下肢肌肉发育不利。还是应该多让宝宝趴着，爸爸妈妈可以训练宝宝爬行，宝宝学会爬之后，就逐渐会坐、会站、会走了。

Q 我家宝宝从 4 个月开始就流口水，现在还是流得挺厉害的，这是怎么回事啊？

A 宝宝 4 个月以后唾液腺开始大量分泌，而且宝宝口腔浅，吞咽不及时就可能流出来。另外长牙之前也会流口水，这都是正常现象。不过，爱流口水的宝宝，家长要及时把口水擦去，以免刺激皮肤。也可以给下巴涂点润肤油以保护皮肤。

Q 男宝宝 7 个多月，纯母乳喂养期间每天一次大便，很有规律。但是自从添加辅食后，现在都是三四天便一次。不过大便形状还算正常，但是间隔这么久是不是便秘啊？

A 判断是不是便秘不能只看时间间隔，还要看大便是不是干硬，宝宝大便时是不是很费劲。如果大便形状正常，也不是很费力，那就不算便秘。日常饮食要注意多吃些含有膳食纤维的蔬菜和水果。建议家长每天都给宝宝做顺时针的腹部按摩，刺激肠蠕动，促进排便。

Q 我家女宝一直奶粉喂养，现在坐久了会倒下，还不会爬，会不会发育缓慢呀？

A 7~8 个月的宝宝坐久了会倒下这很正常，因为宝宝的脊柱还不能支撑很长时间。宝宝学习爬是一项比较难的运动技能，再加上有些宝宝不喜欢爬，这就需要家长对宝宝进行训练。要注意，训练爬行的过程要有趣味性，要引起宝宝的兴趣才行。建议可以用她喜欢的玩具在前面逗引她爬过去够取。

Q 我家宝宝快 8 个月了，最近发现他的大腿关节总是咔咔地响，他平时活动也没什么异常，爬和坐都不错，就是一抱起来或者翻身时关节就会响，这是缺钙吗？

A 一般 3 个月到 1 岁大的宝宝，都有可能出现关节响。这种情况有可能是因为关节中韧带比较松，或者关节内脂肪垫活动时发出声音，属于正常的生理现象。随着宝宝的逐渐发育会消失，家长不要紧张。如果关节响的同时关节活动受限就必须去医院就诊。

Q 8 个月的宝宝吃的青菜碎，拉出来的便便里面能看见还是菜。是不是消化不好呀，菜都没有消化？

A 如果宝宝吃的青菜碎原样排出来，说明宝宝消化功能发育尚未完善，其消化吸收食物及适应新食物的能力比较薄弱。所以，这样的宝宝添加辅食不要操之过急，应注意：首次添加的量要少，添加食物要一种一种地加，同时，喂的速度要缓慢。

第9个月 给我一个支点，看我扶站看世界

9个月的宝宝生活已经有一定的规律了，肚子饿了会叫会闹，每天都会定时大便。这时，宝宝"喜新厌旧"的速度开始加快，喜欢新的刺激，遇到感兴趣的物品，试图把它打开看个究竟，还可能用其他东西打击它。对曾经见过现在不在眼前的东西有了记忆。

宝宝成长档案

生理指标	男宝宝	女宝宝
体重（千克）	7.2~11.3	6.6~10.5
身长（厘米）	67.0~77.6	65.0~75.9

宝宝发育特点

会模仿大人咳嗽

喜欢看带有图案的书

对多次重复的事感觉厌烦

能分辨镜中的自己

自己可以坐得很稳

会拿瓶子和杯子

会用示指指方向和东西

能用拇指和示指捡起小的东西

能在胸前拍手或两手各拿着物品相互击打

育儿要点提醒

❀ 防止宝宝误食异物的方法

1. 及时清理小物品。
2. 当心水果核。
3. 检查玩具的零部件。

❀ 宝宝吞咽异物后应对策略

宝宝呼吸道狭窄，若气管被阻，脸色发黑，如果不及时将异物取出，很容易造成缺氧，甚至死亡。

1. 对于婴儿，爸爸妈妈可将其倒提两腿，头向下垂，同时轻拍其背部。通过异物自身的重力和呛咳时胸腔内气体的冲力，迫使异物咳出。

2. 如果上述方法无效或情况紧急，应立即就医。

❀ 任性宝宝应对措施

1. 转移注意力。
2. 让其独自待一会儿。

❀ 宝宝洗脚方法

1. 泡。
2. 搓。
3. 按摩。

膳食营养补给站

❀ 本月宝宝营养需求

对于8个月的宝宝，部分母亲的母乳已不能完全满足他们生长发育的需要，添加辅食显得很重要。由于这个月大多数宝宝都在学习爬行，体力消耗会较大，应该给宝宝喂食更多富含糖类、蛋白质和脂肪的食物。

第9个月的宝宝要注意添加促进身体组织生长的蛋白质食物。还要添加提供宝宝每天活动与生长所需热量的糖类，如面粉类食物。

❀ 更喜欢有嚼头的食物

宝宝现在已经具备了一定的咀嚼能力，因此在添加辅食的时候，不要总是把食物做得软烂。像馒头、饼之类的食物，只要宝宝喜欢吃，就可以给宝宝吃。苹果这类的水果，可以切成薄片让宝宝自己拿着吃；香蕉、番茄等可以去掉皮后让宝宝直接吃了。

不过肉类的食物还是要做成肉末或者肉馅那样吃。

  潮妈
育儿新招

食物万能剪——随时切割宝宝的辅食

妈妈在教宝宝使用万能剪的时候，需要注意以下几点：

1.容易切割的食物——建议选用

番茄、卷心菜、莴苣、胡萝卜、辣椒、南瓜、肉类(牛肉、猪肉、鸡肉等)、鱼类、面类、苹果、香蕉。

2.不容易切割的食物——建议小心选用

黄瓜、大白菜、花茎甘蓝、海藻类(裙带菜等)、菠萝。

3.不能切割的食物——建议不使用

筋肉、肥肉等，章鱼、墨鱼、贝类等。

❀ 鼓励宝宝和大人一起吃饭

有的宝宝就喜欢和大人一起吃饭，这是值得鼓励的事情。可以将宝宝吃辅食的时间和大人午餐、晚餐的时间保持一致，如果宝宝喜欢吃大人的食物，那也没必要禁止，只要宝宝吃了不噎、不呛、不吐就可以。注意要少油，不添加盐和刺激性调料。而且和宝宝同桌吃饭，要注意将热菜、热饭挪远点，免得烫伤宝宝。

育儿直通车

宝宝跟大人一起吃饭的注意事项

抱着宝宝到饭桌旁，一定要注意安全，热的饭菜不要放在宝宝身边，以防宝宝把饭菜弄翻导致烫伤。宝宝的皮肤娇嫩，即使大人感觉不太烫的食物，也很有可能把宝宝烫伤。

不要让宝宝拿着筷子或饭勺玩耍，以免戳到眼睛或喉咙。

当宝宝和大人一起吃饭的时候，要注意饭菜不要烫伤宝宝，也不要让宝宝拿着筷子玩耍，以免发生意外

✿ 母乳喂养的次数可逐渐减少

母乳喂养的量逐渐减少，6个月以后母乳一天3～4次即可，而且妈妈的乳汁分泌量也开始减少，爱吃饭菜的宝宝多了起来。

✿ 食量小 ≠ 营养不良

我们建议宝宝每天要吃两顿辅食，每次吃100克左右，而且要保证每天最少500毫升的奶，此外还可以根据宝宝的需要添加水果、小饼干等点心。每个宝宝的食量都不一样，有的宝宝食量比较小，可能每次只吃一点辅食，奶量也不大，很多家长因此担心宝宝会营养不良。如果宝宝各方面都发育正常，而且精力十足，那就是正常的。

✿ 避免食物过敏

食物过敏是这个阶段的宝宝比较常见的小儿过敏性疾病的一种，主要是因吃了易过敏的食物而发病。

类型＼项目	速发型过敏	缓发型过敏
过敏食物	鸡蛋、牛奶、花生、大豆、小麦、鱼、虾、鸡肉等蛋白质比较丰富的食物	
出现时间	吃了致过敏食物两小时以内	
过敏表现	出现呕吐、腹痛、腹泻等，还可能伴有发热，甚至呕血、便血、过敏性休克等	出现荨麻疹、血尿、哮喘发作等
发生频率及危险性	比较少见，但一旦发生危险性较大	情况较为常见
应对策略	一旦发现宝宝有食物过敏，要及时到医院确诊，及时采取相应的措施，并暂时不要给宝宝喂食引起过敏的食物了	

✿ 增进宝宝食欲的方法

吃饭最好能固定时间和地点

培养宝宝在固定的时间和固定的位置上吃饭，进餐的时间也不要拖得太久，最好能控制在 15～30 分钟。

吃饭时保持环境安静

将可能分散注意力的玩具收起来，电视也要关上，让宝宝专心地吃饭。

吃饭时氛围要愉快

在宝宝吃饭时，不管吃了什么、吃了多少，爸爸妈妈都要保持微笑，最好不要把生气和难过表现在脸上，更不要在饭桌上训斥宝宝。

变换做法

在宝宝对某种食物特别排斥时，妈妈可以变换做法，比如，将其熬粥或者掺到其他食物中，也可以暂停几天再给宝宝喂食，不要强迫宝宝进食或放弃给宝宝喂食。

✿ 缺铁性贫血的饮食调养

1. 要让宝宝尽量吃富含铁质的食物。动物性食物中含铁量最高的是猪肝，此外，鱼类、肉类、大豆、绿叶蔬菜、红枣、黑木耳、芝麻等也富含铁。

2. 要注意饮食搭配，如餐后适当吃些水果，水果中含有丰富的维生素 C 和果酸，能促进铁的吸收。

3. 叶酸和维生素 B_{12} 也是造血必不可少的物质，新鲜的绿色蔬菜、水果、豆类及肉食中都含有丰富的叶酸；香菇、动物肾脏中富含维生素 B_{12}。

4. 一些中和胃酸的药物会阻碍铁的吸收，所以尽量不要和含铁的食物一起食用。

宝宝营养食谱

燕麦南瓜粥

补充蛋白质

材料　南瓜 50 克，燕麦片 30 克，大米
50 克。

调料　葱花、盐各适量。

做法

1. 南瓜洗净，削皮，去瓤，切成小块；
   大米洗净，用清水浸泡半小时。

2. 锅置火上，将大米放入锅中，加水
   500 克，大火煮沸后改小火煮 20 分
   钟，然后放入南瓜块，用小火煮 10
   分钟，再加入燕麦片，继续用小火煮
   10 分钟。

3. 熄火后，加入盐、葱花等调料即可。

蔬菜面

补充维生素，易于消化

材料　胡萝卜面条 20 克，菠菜 30 克。

做法

1. 将胡萝卜面条折成小段煮熟。
2. 将菠菜择洗净，放入沸水中焯熟，切碎，倒入面条中拌匀即可。

科学护理指南

❀ 如何应对宝宝睡觉晚的问题

经常听到家长抱怨，我家宝宝就是个夜猫子，晚上都得等 12 点才睡觉，特别能折腾，害得大人都睡不好，第二天工作一点精神都没有。宝宝晚上睡得晚，可能有很多原因：

1. 白天睡多了，晚上睡不着。

2. 晚上看到爸爸妈妈回来，宝宝特别兴奋，也会影响睡眠。

3. 爸爸妈妈都是夜猫子，宝宝也就随了父母的作息时间。

❀ 应对措施

这个时期，宝宝还没有养成不好的睡眠习惯，即使平常睡得晚，也是可以调整过来的，这就需要爸爸妈妈多一些耐心。

1. 减少白天的睡眠时间，尽量多让宝宝白天活动。宝宝困的时候，可以用宝宝喜欢的玩具或者游戏转移宝宝的注意力。

2. 固定在 9 点之前就让宝宝上床睡觉。爸爸妈妈即使不睡也要陪宝宝躺下，关掉灯。可以等宝宝睡熟后，爸爸妈妈再起来做自己的事情。

妈妈要帮助宝宝养成良好的睡眠习惯，有利于宝宝的健康发育

3.不要在宝宝睡觉前给宝宝吃太多东西，也不要让宝宝过于兴奋，这都会影响宝宝的睡眠。

✿ 当心宝宝误食异物

1.清理小物品。妈妈要特别注意宝宝爬行的地面上是否掉有小物品，如扣子、大头针、曲别针、豆粒、硬币等，一定要先清理干净再让宝宝过来玩。

2.当心水果核。在吃有核的水果（如枣、山楂、橘子等）时，要特别当心，应先将核取出后再喂食。

3.检查玩具的零部件。仔细检查宝宝的玩具，看看玩具细小的零部件（如小珠子等）有无松动或掉下来的可能。

✿ 宝宝误食异物的应急处理

1.当发现宝宝吃了什么东西或有些不太正常时，爸爸妈妈可以一只手捏住宝宝的腮部，另一只手伸进宝宝的嘴里，将东西掏出来。

2.如果宝宝吞食了异物，但是没有什么异常的表现，只要不是带尖的物品，父母就不必过于惊慌。像围棋子、硬币、纽扣、戒指、小珠子、果核等物品大都会原样随着大便排出来，但时间不尽相同，快的第二天，慢的可能需要两三天。

3.如果宝宝呼吸急促、翻白眼或发出哮鸣音，就需要赶紧用手倒提宝宝小脚让宝宝头朝下，拍他的背部，或者在宝宝背后和心口窝的下面，用双手往心口窝方向用力挤压（注意手法不能过猛、过硬），这样就有可能在宝宝使劲憋气的同时，将吞下去的东西吐出来。

如果上面的措施都没有效果，应立即送往医院急救。

若异物从鼻孔进入发生堵塞时，最好不要在家里取，应该立即请医生处理。

奶爸育儿经

告诉宝宝"不可以"

爸爸要开始逐渐让宝宝了解"不可以"的含义，让宝宝知道什么不可以摸、什么不可以做、什么不可以吃，以此锻炼宝宝的分辨能力。不仅口头上要解释为什么"不可以"，还要用摇头、摆手、严肃的表情来表达"不可以"。

虽然宝宝一时理解起来比较困难，但是坚持下去，他就会明白了。

有时候宝宝很任性，会用哭来要挟爸爸妈妈，这个时候就需要爸爸妈妈采取正确的处理方法，避免伤害宝宝

✿ 任性的宝宝如何对待

对待哭闹、尖叫、不听话的任性宝宝，爸爸妈妈还是要尽量保持冷静，以避免在宝宝的心中留下阴影。

方　法	具体做法
转移注意力	1. 看见宝宝正拿着刀具之类的危险物品玩，如果妈妈非常强硬地拿走，宝宝肯定要抗议，而且危险将升级。这时候妈妈应装作不在意的样子，给宝宝饼干或他没见过的玩具等，让宝宝自然将刀具放下来 2. 也可以带宝宝到室外去，先将他的注意力转移到外面的事物上，再不动声色地拿走危险品 3. 如果反复发生冲突，宝宝就会逐渐掌握使父母屈服的手段，直到父母让步，宝宝才停止尖叫，以后他遇到什么事都要哭闹，以此来支配父母
独自待一会儿	可以把他带到一个安全的房间里独自待一会儿，但只要宝宝表现出和解的意思，就必须以和蔼的态度对他解释或给予安慰

✿ 这样给宝宝洗脚丫

1. 泡：让宝宝的双脚完全浸入水中，体会温水造成的脚部血流加快、轻松舒适的感觉。

2. 搓：从脚趾到脚后跟一点一点沿皮肤表面轻轻地搓过来。为了让宝宝学会自己洗脚，每次给宝宝洗脚时手的动作最好保持一致。

3. 按摩：搓过一遍之后，可以给宝宝按摩全脚，顺序也是从脚趾开始到脚后跟。动作也不必太拘泥，只要让宝宝感觉舒服就行。

育儿直通车

手不是用来打人的。如果宝宝用手打人，一定要告诉宝宝这是不对的，还要让宝宝知道你很生气。千万不能笑脸相对，否则等于变相鼓励宝宝打人。如果宝宝大了还打人，那就会变成让人讨厌的宝宝，对宝宝的成长不利。

宝宝婴语解密

用手打人

宝宝自述

我会用手打东西了，看到妈妈的脸也想打一打，可是妈妈好像很不高兴，我又做错了吗？

婴语解析

这时，宝宝正在探索手的功能，会无意识地去打人。当他发现这种行为能引起大人的关注时，很有可能将它作为吸引关注的一种手段。当他有某种需求又没有得到满足时，便会挥舞小手打人。

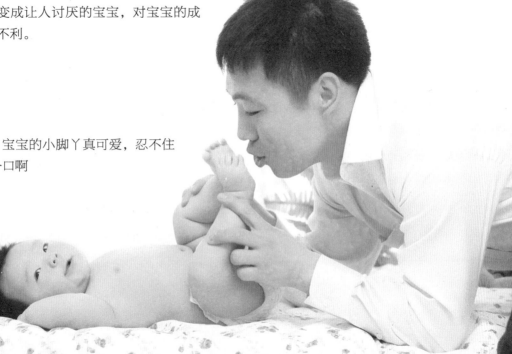

宝宝的小脚丫真可爱，忍不住亲一口啊

⊞ 家庭医生

❋ 意外跌落应对措施

1. 宝宝跌落下来，都会被吓哭，这个时候爸爸妈妈不要大呼小叫，免得让宝宝第二次受惊，要抱起宝宝安慰他，并告诉他不要害怕。

2. 宝宝停止哭泣后，家长要仔细检查，看看有没有外伤，如果只是擦伤或者磕出小包，那就不需要特别处理，自己就能好。

3. 如果宝宝出现大哭、呕吐、抽搐、意识不清等情况，那就要考虑是不是伤到头部了，必须及时就医。

4. 如果宝宝大哭不止，而且不让你碰他的手或脚的话，那么要考虑宝宝是不是有骨折的情况。如出现，需要把手或脚上的部位固定好，速去医院就诊。

另外，还有两种情况容易被忽视，就是脾脏和肾脏的损伤。如果是肾脏受伤，小便会因含血而变成红色。如果脾脏受伤，会因出血而出现脸色发黄、虚脱、腹部鼓胀等症状，宝宝没有精神，也不吃东西。家长要仔细观察，如果出现以上异常，必须及时就诊。

宝宝出现意外后，妈妈要及时检查宝宝的身体情况，并给予安慰，尽快让宝宝安静下来

❋ 打头摇头不要慌

宝宝8个月以后会有撞头、拍打头的动作，很多家长会认为是因为头疼或者头痒引起的，但其实这只是宝宝表达自己情绪的一种方式，并不是某些疾病导致的，不需要过于紧张。如果真的是头疼，那就不只是拍头了，宝宝会用哭闹来表达疼痛不适。

大概20%的宝宝，在6～10个月时会有节奏性地摇摆身体，还有6%的宝宝会出现以头撞物或摇头，或是有节奏地敲击甚至敲打自己。这种有节奏的动作可以让他们感到愉快。大部分宝宝在出现这些现象时神志清楚，表情显得自得其乐，没有其他异常行为，也不会出现危险。随着年龄增长，这种行为就会消失，家长不用担心。

✿ 斜颈应对措施

宝宝出现斜颈情况，不要着急，可以通过一些方法来进行矫正。

体位矫正：斜颈最有效的方法是体位矫正，通过宝宝的睡眠体位、吃奶姿势和逗变方向等，将宝宝头部摆正，阻止头部向一侧倾斜。要使头部尽可能保持在正中位，让宝宝较短的胸锁乳突肌处于轻松的伸拉复位状态。

按摩矫正：还可以通过按摩的手法进行纠正，每天都用手轻轻按摩颈部肿块，并做局部热敷，可以重复多做几次。如果这样坚持纠正，一直到1岁没有什么效果，就需要做手术了。

✿ 如何应对男宝宝摸"小鸡鸡"

有些男宝宝会有抓"小鸡鸡"的现象，有两种可能，一种可能是存在包茎、会阴湿疹等不适的现象，宝宝会因为瘙痒而抓"小鸡鸡"。另外一种可能是大人的原因，比如周围的大人经常拿宝宝的"小鸡鸡"开玩笑，甚至喜欢去揪宝宝的"小鸡鸡"，宝宝会觉得大家喜欢他的"小鸡鸡"，并且会模仿大人自己也去抓"小鸡鸡"。

如果发现宝宝喜欢抓"小鸡鸡"，首先要检查是不是出现了包茎或者有湿疹，如果有就要及时治疗。

不要让宝宝穿得太多，适宜穿较宽松的内衣，同时保持"小鸡鸡"的清洁卫生。

如果是大人的原因，首先大人要先改掉自己的问题，然后再去纠正宝宝的不良习惯。

注意不能因此惩罚、责骂或讥笑宝宝。

尽量把宝宝的注意力转移到其他活动上去，分散宝宝对固有习惯的注意力。

只要耐心诱导并适当地进行教育，大部分宝宝会随着年龄的增长不治自愈。

当宝宝去抓"小鸡鸡"的时候，妈妈可以通过给宝宝玩新的玩具，转移宝宝注意力，慢慢地宝宝就会改掉这个不良习惯

宝宝智力加油站

"抓飞碟"

方法 准备一些扔向空中能缓缓落下的东西，如丝巾、小手绢、气球等。妈妈和宝宝坐在地板上，将丝巾等东西扔到空中，并说"飞碟飞起来了"。当丝巾落下时，举起胳膊去抓它，然后再扔出去，鼓励宝宝去抓握。

目的 培养宝宝手眼协调能力和抓取东西的能力。

 专家指导建议

妈妈可故意将丝巾往宝宝的头顶扔，让丝巾正好落到宝宝胸前，激发宝宝的兴趣。

精细动作能力

认识 "1"

方法 妈妈拿出 1 块点心或糖果，竖起示指告诉宝宝："这是'1'。"让宝宝模仿这个动作，再把食物给宝宝，并再次竖起示指表示"1"。同时出示字卡，让宝宝认识"1"。

目的 建立宝宝对数的概念。

逻辑能力

1 个菠萝

1 块点心

1 个乒乓球

1 个草莓

摸摸小鼻子

 方法 妈妈抱着宝宝，与宝宝的视线相对，问:"宝宝的鼻子呢?"用手指轻轻点宝宝的小鼻子，说:"哦，宝宝的小鼻子在这儿呢!"靠近宝宝，轻轻地和宝宝碰鼻子。

 专家指导建议

妈妈要多跟宝宝玩这样的游戏，能帮助宝宝认识五官，感受到五官的存在，还能增进宝宝和家人的亲密感。

目的 教宝宝认识鼻子，通过这种方法还可以认识耳朵、眼睛、嘴巴、小手和小脚。

认知能力

宝宝能力测评

1. 宝宝可以认识拇指和膝盖。　　　　　　　　　　　　是☐　　否☐

2. 宝宝可以直接去够玩具。　　　　　　　　　　　　　是☐　　否☐

3. 可以用示指拇指捏取葡萄干或爆米花等小物体。　　　是☐　　否☐

4. 宝宝可以有意识地叫爸爸妈妈。　　　　　　　　　　是☐　　否☐

5. 宝宝可以不用妈妈扶着水瓶喝水，但是有些洒漏。　　是☐　　否☐

6. 当妈妈给宝宝穿衣服的时候，宝宝可以把胳膊伸入袖内双侧。　是☐　　否☐

7. 宝宝能手脚并用快速爬行。　　　　　　　　　　　　是☐　　否☐

8. 扶站的时候，宝宝能蹲下捡东西。　　　　　　　　　是☐　　否☐

9. 妈妈双手牵着宝宝，可以向前行走。　　　　　　　　是☐　　否☐

10. 在 1 分钟之内可以把 3 个小球放到瓶中。　　　　　是☐　　否☐

评分结果

答是加 1 分，答否得 0 分。
9~10 分，优秀；7~8 分，良好；5~6 分，
一般；5 分以下，宝宝需要加强训练。

育儿疑问专家连线

Q 我家女宝上个月就已经会扶着站了，可是到了这个月反而站不好了，还总是摔跤，是不是缺钙了或者有其他问题啊？

A 这种情况也是正常的。宝宝上个月就已经会扶着站了，到了这个月她可能就不再满足于扶着站，而是想要向前迈步走了，但是她现在还不会走，所以就很有可能摔跤。这是宝宝自我探索的现象，家长要正视这种现象，不要轻易判断宝宝是出什么问题了。

Q 男宝宝8个多月，睡着时只要有尿就哭醒，太影响睡眠质量了，有没有什么办法让宝宝有尿不哭，自己睡着睡着就尿出来呢？

A 晚上尽量少给宝宝吃含液体比较多的食物，也要少喝水，这样就有可能减少夜尿的次数。一般宝宝尿尿是不会哭的，如果每次尿尿时宝宝都大哭，同时尿有臭味，要小心是不是有尿道感染，及时到医院检查。

Q 宝宝8个多月了，现在能吃全蛋的鸡蛋羹吗？我们每天都会给宝宝喂一次面片，一次要吃大约多半碗的面片（普通的小碗），请问喂得是不是太多呢？给宝宝添加辅食时，能放香油吗？现在什么调料宝宝是不能添加的呢？

A 原则上不满1岁的宝宝不主张吃蛋清，因为容易引起过敏反应。当然个别的宝宝吃了也没有出现问题。8个月的宝宝主要应该以高蛋白食物为主，面食不要吃得太多，容易引起肥胖，而且容易营养不均衡。婴儿期除了少盐之外，还不主张添加味精、胡椒粉、五香粉等调味品及酸辣食物，不过香油少放点还是可以的。

Q 宝宝 8 个多月，验血常规说是轻度贫血，让吃红豆、枣、瘦肉、猪肝，请问食补注意什么？宝宝现在还不会扶着站，是发育慢吗？

A 宝宝轻度贫血可以多给吃一些含铁的食品，如动物血、肝等，不过不能过量吃，每周吃 1~2 次，每次不超过 20 克即可。红枣、红豆的补铁效果并不是很好，所以不建议多吃。肉类补铁效果最好的是牛肉，可以给宝宝吃点牛肉。8 个多月的宝宝应先训练爬，当学会爬以后才能训练站立和下蹲。8 个多月的宝宝不会站是正常的，家长不用着急。除了吃含铁丰富的食物外，最好去看医生。

Q 女宝宝 9 个月，今天体检，大夫说是斜颈，除了纠正生活习惯外，还可通过什么方法纠正过来呢？

A 斜颈最有效的方法是体位矫正，通过宝宝的睡眠体位、吃奶姿势和逗耍方向等，将宝宝头部摆正，阻止头部向一侧倾斜。要使头部尽可能保持在正中位，让宝宝较短的胸锁乳突肌处于轻松的伸拉复位状态。除此之外，还可以通过按摩的手法进行纠正，每天都用手轻轻按摩颈部肿块，并做局部热敷，可以重复多做几次。如果这样坚持纠正，一直到 1 岁没有什么效果，就需要做手术了。

Q 我家宝宝 9 个月了，我们经常在家里用豆浆机做豆浆，能给宝宝喝点豆浆吗？可以加糖吗？

A 豆浆味甘性平，含有丰富的植物蛋白、脂肪、糖类、维生素及矿物质等多种营养成分，还具有大量膳食纤维。每 100 克豆浆含蛋白质 4.5 克、脂肪 1.8 克、糖类 1.5 克、磷 4.5 克、铁 2.5 克、钙 2.5 克、维生素 B_2 等。9 个月的宝宝适量食用是可以的，但是不能过量，否则会引起宝宝胃肠道胀气。喝豆浆的时候可以适量加些糖，起到调味和增加热量的作用。

第10个月 有样学样爱模仿

这个时期的宝宝身体发育仍然较快，一年的时间，宝宝越来越惹人喜欢了，四肢、语言、心理等都有了明显的变化。大多数宝宝都很乐于模仿妈妈，学习妈妈的举止有助于宝宝长大后和别人相处。

宝宝成长档案

生理指标	男宝宝	女宝宝
体重（千克）	7.6~11.7	6.9~10.9
身长（厘米）	68.3~78.9	66.2~77.3

宝宝发育特点

喜欢到处爬行，摸索新的东西

遇到不高兴的事情马上拒绝或躺在地上哭闹

记忆力增强

能较长时间摆弄一件玩具，并自己观察

四肢爬行灵活，能攀附着家具站起来

一只手可以同时拿两件东西

双脚能支撑体重

坐起趴下或趴下坐起，宝宝能自由变换姿势

育儿要点提醒

✿ 务必添加辅食

即使这时母乳比较充足，也不能供给宝宝每日营养所需，必须添加辅食，让辅食成为宝宝的主食。

✿ 宝宝咬人应对措施

1. 将宝宝分开，然后用语言告诉宝宝这样不对。

2. 可经常给宝宝一些固体食物吃，以用来磨牙和锻炼咀嚼能力。

✿ 细心保护宝宝

在宝宝练习站立和迈步的时候，爸爸妈妈要在旁边保护宝宝，但是不要过分害怕宝宝摔倒，只要没有危险就行。如果宝宝摔倒了要鼓励宝宝自己爬起来，因为宝宝在摔倒与爬起来的过程中，能学会维持身体的平衡。

✿ 玩玩具让宝宝更聪明

在这个时期，应该尽可能多地给宝宝准备能够帮助其手部和全身活动、培养记忆力的玩具。

一般情况下，选择需要自己操作的玩具即可。

膳食营养补给站

❀ 本月宝宝营养需求

本月可以给宝宝进食丰富的食物，以利于其摄入各种营养素。添加辅食时，要给宝宝补充充足的B族维生素、维生素C、蛋白质、钙等矿物质。

❀ 添加辅食势在必行

吃母乳的宝宝，在添加辅食时，会遇到困难，宝宝总是恋着妈妈的奶。10个月的宝宝不是因为饿而要吃母乳，吃母乳对宝宝来说，是在和妈妈撒娇。即使这时母乳比较充足，也不足以供给宝宝每日营养所需，必须添加辅食，让辅食成为宝宝的主食。但这并不意味着这个月就要断母乳了。只要掌握好母乳喂养的时间，一般是早起、临睡、半夜醒来喂母乳，这样宝宝就不会白天总是要吃母乳，也不会影响辅食的添加。

❀ 不爱吃蔬菜应对策略

对于不爱吃蔬菜的宝宝，要适当多吃些水果。这个时候宝宝已经能吃整个水果了，没有必要再将其榨成果汁、果泥。将水果皮削掉，用勺刮或切成小片、小块，直接吃就可以。有的水果直接拿大块吃就行，如去子西瓜、去核和筋的橘子等。

 育儿直通车

到了这个月可以根据宝宝的食量，再增加一顿辅食，每天保证吃2～3次辅食。每天喂2～3次奶，每次100～200毫升。其间可以给宝宝添加水果、面包片等小点心。如果不喜欢喝奶，可以增加肉、蛋等辅食以补充足够的蛋白质。如果不喜欢吃辅食，那就要适当增加喝奶量，但是每天喝奶不能超过1000毫升。

妈妈给宝宝一些带皮或者带核的水果吃的时候，要削皮或去核后给宝宝，避免一些厚皮或者核卡在宝宝喉咙，对宝宝造成伤害。

❀ 可以吃些固体食物

宝宝可以吃的辅食更多了，宝宝的吞咽和咀嚼能力都增强了，所以可以增加一些固体食物了。有些宝宝很喜欢吃大人的饭菜，也可以让宝宝和大人一起吃，这也会让妈妈轻松很多。

❀ 加工类食品不适合做辅食

妈妈们在制作辅食的时候，不要给宝宝添加罐头及肉干、肉松、香肠等加工类肉食，这些食物在制作过程中营养成分已流失许多，远没有新鲜食品营养价值高，并且在制作过程中还要加入防腐剂、色素等添加剂。这些物质会对宝宝的健康造成不利影响。由于宝宝的身体还没有发育完全，食用了这些食物会增加肝脏的负担，不利于宝宝的身体健康。

❀ 宝宝应该回避的食物

爸爸妈妈在为宝宝准备辅食时，一般应回避以下几种食物：

蔬菜类

牛蒡、藕、腌菜等不易消化的食物

牛蒡

藕

腌菜

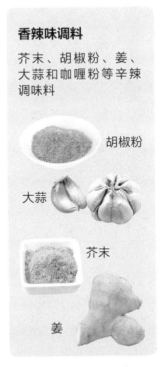

香辣味调料

芥末、胡椒粉、姜、大蒜和咖喱粉等辛辣调味料

胡椒粉

大蒜

芥末

姜

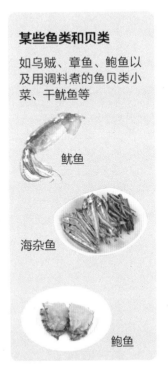

某些鱼类和贝类

如乌贼、章鱼、鲍鱼以及用调料煮的鱼贝类小菜、干鱿鱼等

鱿鱼

海杂鱼

鲍鱼

此外，巧克力糖、奶油软点心、软黏糖类、人工着色的食物、粉末状果汁等也不宜多食。

❀ 对宝宝牙齿有益的四大类食物

富含蛋白质的食物

蛋白质对牙齿的形成、发育、钙化、萌出有着重要作用。蛋白质有动物蛋白和植物蛋白两种，肉类、鱼类、蛋类、乳类中富含的是动物蛋白，而豆类和干果类中含有的是植物蛋白。如果经常摄入这些食物，能促进牙齿正常发育。相反，如果蛋白质的摄入不足，容易造成牙齿形态异常，牙周组织变形，牙齿萌出延迟。

富含矿物质的食物

牙齿的主要成分是钙和磷，其中钙的最佳来源是乳类。此外，粗粮、海带、黑木耳等食物中也含有较多的磷、铁、锌、氟，能帮助牙齿钙化。

富含维生素的食物

充足的维生素能促进牙齿的发育。维生素 A、维生素 D 的主要来源是乳类及动物肝脏等。如果摄入的维生素 A、维生素 D 不足，容易造成牙齿发育不全和钙化不良。

坚硬耐磨的食物

如排骨、牛肉干、烧饼、锅巴、馒头干等，能锻炼宝宝的咀嚼能力，有效刺激宝宝下颌骨的生长发育。

这个月份的宝宝活动量比较大，吃得很多或很少，都不一定是好事或坏事，最重要的是养成良好的饮食习惯

❖ 吃得太多也不好

宝宝超重和营养不良一样都是不正常的，必须纠正。如果宝宝每天体重增长速度超过 20 克，就应该引起注意。不过不能用节食的方法给宝宝减肥，正确的做法是调整宝宝的饮食结构，少吃米面等主食以及高热量、高蛋白、高糖食物。每天喝奶不要超过 1000 毫升，同时增加宝宝的活动量。

宝宝营养食谱

胡萝卜鸡蛋碎

增强免疫功能

材料 胡萝卜1根，鸡蛋1个。

调料 香油少许。

做法

1. 胡萝卜洗净，上锅蒸熟，切碎。
2. 鸡蛋带壳煮熟，放入凉水里凉一下，去壳，切碎。
3. 将胡萝卜碎和鸡蛋碎混合搅拌，再滴上香油即可。

奶味豆浆

刺激肠胃，利便

材料　全脂奶粉 10 克，大豆粉 10 克。
调料　白糖 5 克。
做法

1. 将大豆粉用凉水调开，再加入适量
   水，放入锅中充分加热煮沸，无豆腥
   味即可盛出。

2. 等豆浆略凉，倒入全脂奶粉，加入白
   糖调匀即可。

 科学护理指南

✿ 如何应对宝宝夜间啼哭

有些宝宝以前晚上一直睡得很好，但是现在晚上睡觉时会突然哭醒。这时候爸爸妈妈会很着急，想要知道如何应对这种情况，首先得知道宝宝啼哭的原因。

分　类	原因及应对措施
宝宝哭一阵就好，但是过一会儿又哭起来，而且比上次哭得还严重，这样反反复复地哭	就要考虑肠套叠的可能，要及时就诊
如果只是偶尔哭一下	那就不需要去医院
如果是冬天，宝宝夜间突然哭	要考虑宝宝是不是冻哭的。先摸下宝宝的身体，如果凉凉的，就得把宝宝抱过来贴着妈妈睡，慢慢暖和了，宝宝就不哭了
如果是夏天，宝宝夜间突然哭	宝宝也有可能会因为太热而哭，所以夏天晚上最好不要给宝宝盖太多，只要保护好小肚子就可以了

✿ 警惕可能给宝宝带来危险的物品

在出生后5~10个月，宝宝会把所有能抓到的东西都往嘴里塞，因此有时会发生小物品堵住喉咙引起呼吸困难的事故。为了宝宝的安全，应用收藏盒收好所有小物品，放到宝宝拿不到的地方，妈妈的化妆品也要收藏在抽屉里。

 育儿直通车

宝宝对电源插座等带孔的东西比较感兴趣，应该用套子套上不常用的插座，并把常用的插座藏在宝宝看不到的地方。

❀ 如何应对宝宝意外烫伤

由于看护不慎，造成宝宝烫伤的事情也时有发生，如果出现宝宝被烫伤的情况，要及时做出应急处理，避免造成二次伤害。

1. 如果只是烫伤了皮肤的表层，被烫的皮肤只是颜色有点发红，妈妈要立即用凉水冲一冲，慢慢地就可痊愈。

2. 被烫的皮肤出现水疱，或出现皮肤变白或变黑，伤得很重，应该立即就医。

3. 隔着衣服被烫到了，不要马上脱掉衣服，而是先往衣服上洒凉水，这样做几分钟试试看一下，如果烫伤严重，可以把衣服脱下来，继续用凉水冲。如果感觉烫伤很重，就应及时就医。

❀ 让宝宝多亲近水

1. 在夏天，当宝宝出现烦躁不安时，完全可以将玩水作为调节的方法。发现宝宝要闹情绪或者热得不太舒服时，可以随时在卫生间接一大盆温水，放入宝宝喜欢的玩具，然后将宝宝放进盆里玩耍。

2. 在不适合随时下水的日子里，妈妈可以准备一大块防水地垫，在盆中放入清水和鲜艳的玩具，也可以放入几条小金鱼，再给宝宝一个捞网，宝宝自己就能兴致勃勃地玩起来。

3. 闲暇时，带着宝宝到婴幼儿游泳馆去游泳吧，这是个满足宝宝天性、维护宝宝健康的好方法。怕水的妈妈要为了宝宝克服困难，不要因为自己而让宝宝失去了尽情玩水的快乐。

❀ 怎样看待宝宝咬人

这个阶段的宝宝，乳牙已经长出来了，喜欢咬一些固体食物来磨牙，也可能会咬物或咬人。有时，宝宝无论高兴还是生气，都会在妈妈的胳膊、肩膀或腿上咬上一口。越让他松口，他越是咬住不放，咬得妈妈特别疼。

如果你家的宝宝也有这种情况，可以采取下面的措施：

> 1. 将宝宝分开，然后用语言告诉宝宝这样不对，千万不能粗暴地推开宝宝，更不能大声斥责。

> 2. 可经常给宝宝一些固体食物吃，以用来磨牙和锻炼咀嚼能力。

随着月龄的增长，宝宝会逐渐改变这种行为，情绪也会渐趋稳定。

❀ 通过各种玩具开发宝宝的智力

在这个时期，应该尽可能多地给宝宝准备能够帮助其手部和全身活动、培养记忆力的玩具。

一般情况下，可以选择需要自己操作的玩具，例如，能够用嘴吹的喇叭、口琴，能够敲打的鼓，能抛的球，能推的汽车，会跑的飞机等。

但是，不能把所有的玩具一股脑地给宝宝。如果一下拥有了很多玩具，宝宝就不懂得珍惜，而且比较善变。因此，每次给宝宝2～3个玩具即可。

奶爸育儿经

带宝宝探索世界

爸爸可以教宝宝用遥控器开电视。宝宝看到自己能让电视节目出来，又能让电视节目消失，会非常兴奋。他会知道是他的原因，才会出现这些结果。这种尝试既能增加小手的灵活性，又能让宝宝更好地了解因果关系。

✿ 警惕宝宝出现这些情况

进食困难

宝宝厌食、挑食，"祸首"多半是父母，如喂养方法不当、强迫进食、饮食结构不合理、进食不定时、生活无规律、经常在吃饭的同时纠正宝宝的问题或给宝宝吃过多零食等，都会影响宝宝的胃口和消化能力，久而久之造成宝宝不愿进食的情况。还有一种情况，就是有可能缺锌，造成味觉不敏感，导致食欲缺乏，可以去医院为宝宝查一下微量元素。

孤独和自闭倾向

交往环境单调，缺少必要的语言环境和情感沟通，容易造成宝宝的孤独和自闭倾向，主要的表现是目光呆滞、没有自发语言、活动少、听不懂简单的指令、很少笑等。

多　动

照顾和关爱过多，容易使宝宝没有自由独处的时间，内心过多依赖外界的指令。一旦进入不熟悉的环境，宝宝就会六神无主，不能安静下来，只得用杂乱、失控的动作来表达内心应对陌生环境的反应。

宝宝婴语解密

什么都往嘴里放

宝宝自述

我都已经10个月了，会坐、会爬了，我突然发现周围好多陌生的东西啊，它们都是什么啊？让我万能的嘴来尝尝吧。哦，这个积木是硬的，咬不动；这个毛巾软软的，可是好多毛；这个小鸭子一咬还会响，真好玩。我觉得我的嘴太厉害了，可是妈妈怎么不高兴啦，妈妈为什么要制止我用嘴尝东西呢？

婴语解析

宝宝会坐、会爬之后视野宽阔了很多，活动范围也大了，现在的世界对他来讲是陌生的又是新奇的，他渴望用自己的方式去探索这个世界。而嘴就是他探索世界的工具，他会用嘴认识周围所有的一切，什么东西都能放到嘴里。同时，这个过程也完成和健全了嘴的功能。

最初宝宝只是用嘴来认识自己的手，当手完全被宝宝唤醒之后，宝宝就开始用手和嘴相结合来认识世界了。所以宝宝什么都喜欢用手拿着放到嘴里。只要没有危险，建议妈妈不要随便制止宝宝的行为。

🏥 家庭医生

❀ 解析四类腹泻

腹泻的特点是大便次数增多和大便的性状改变，这是婴幼儿常见的腹泻症状。

宝宝发生腹泻很常见，家长不要一看到宝宝的大便有些偏稀就认为宝宝出现腹泻了。如果宝宝出现了真正的腹泻，不仅会有排便的问题出现，而且宝宝还会哭闹、进食差、睡眠不好等，体重也会受到影响。

病毒感染性腹泻

病毒造成的感染性腹泻，一般是在先出现发热、呕吐之后，第一次排便不一定是腹泻，接下来就会出现腹泻了。病毒感染造成的腹泻，通常是稀水样的大便，而且每次排便量很大，容易造成脱水的情况。婴幼儿腹泻当中，常见的就是病毒感染。

治疗原则：预防和治疗脱水，给予适宜的营养。

在治疗过程中，需要注意一些事项：

1. 口服补液盐，预防和治疗轻度至中度脱水；

2. 母乳喂养需要添加乳糖酶，配方奶粉喂养需要改成无乳糖配方；

3. 辅助添加益生菌；

4. 有发热症状时要采取措施及时退热；

5. 避免使用抗生素类药物。

育儿直通车

抗生素是一把双刃剑，既能够杀灭肠道内的致病菌，也同时将肠道内有益菌消灭。所以在使用抗生素之后，还需要服用一些益生菌制剂。不过两者服用间隔时间要在两小时以上。

细菌感染性腹泻

宝宝出现腹泻之后，在大便检测中显示红细胞和白细胞都超过高倍视野15个时，可以考虑是细菌感染性腹泻。治疗方案如下：

如果出现了细菌性肠炎，抗生素要连续使用5～7天，然后再次化验大便，如果化验结果显示正常则可以停止用药，否则需要继续使用直到检测正常为止。停止使用抗生素的标准并不能够单单从大便的颜色和性状来判断。千万不要觉得好些了就自行停药，这样很容易转化成慢性肠炎，增强细菌的耐药性。

乳糖不耐受性腹泻

乳糖是乳汁中主要的糖类，婴幼儿在发生腹泻之后，会损伤到肠道黏膜，造成小肠黏膜上的乳糖酶受到破坏，导致乳汁中的乳糖消化不良，从而引发乳糖不耐受性腹泻。尤其是在患轮状病毒性肠炎后，就很容易继发乳糖不耐受性腹泻。

母乳喂养的宝宝不容易出现轮状病

毒性腹泻，但是一旦出现，病症一般都会比较严重，可以在发病的1~2周添加一些乳糖酶，或者换成不含乳糖的配方奶粉。因为肠道黏膜的修复是需要时间的，所以建议用纯无乳糖配方奶粉喂养宝宝至少两周时间。

秋季腹泻

发病症状

腹泻是9～18个月的婴幼儿常见的疾病，多发生在每年的秋季，是感染了轮状病毒引起的肠炎。秋季腹泻起病急，多是先出现呕吐的症状，不管吃什么，哪怕是喝水，都会很快吐出来。紧接着就是腹泻，大便像水一样或者是蛋花样，每天五六次，严重的也有十几次的。腹泻的同时还伴随低热，体温一般超过正常，但在38℃以下。宝宝会因为肚子痛，一直哭闹，并且精神萎靡。

病情分析

秋季腹泻是一种自限性腹泻，即使用药也不能显著缓解症状。呕吐一般1天左右就会停止，有些会延续到第2天，而腹泻却迟迟不止，即便热退下来了，也还会持续排泄三四天像水一样的呈白色或柠檬色的便，时间稍长，大便的水分被尿布吸收后，就变成了质地较均匀的有形便，而并不只是黏液。一般需要1周或者10天左右，宝宝才能恢复健康。

护理方法

1. 在护理方面，提防宝宝脱水，可以去药店买点调节电解质平衡的口服补液盐，孩子一旦开始吐泻，就用勺一口一口经常地喂他。如果吐得很严重，持续腹泻，宝宝舌头干燥，皮肤抓一下成皱褶，且不能马上恢复原来的状态，这就说明脱水了，此时必须要去医院输液治疗。

2. 在喂养方面，起初除了喂奶还可以喂些米汤之类的流食，待呕吐停止后，宝宝如果有食欲可以添加一些易消化的辅食、点心类。不能因为宝宝腹泻就只给孩子喂奶，这样也不利于大便成形。

宝宝智力加油站

把小熊递给我

方法 妈妈将小熊和其他玩具都放在宝宝面前，然后和宝宝说："宝宝，把小熊递给妈妈好不好？"鼓励宝宝把小熊找出来，并递给妈妈。

目的 锻炼宝宝的手眼协调能力和思维能力。

专家指导建议

有过一次成功的经验，即使妈妈没有让宝宝把小熊递过来，宝宝也可能自己把小熊找出来递给妈妈，这个时候妈妈一定要夸奖宝宝。

精细动作
能力

跟布娃娃说话

方法 妈妈手拿着一个布娃娃说"我是小小布娃娃，我快1岁了"等，并摇着布娃娃跳来跳去。妈妈指导宝宝与布娃娃对话，如："我叫宝宝，你叫什么名字啊？"根据宝宝的反应灵活变动游戏内容。

目的 让宝宝在快乐的氛围中学习语言，能促进宝宝语言能力的发展。

专家指导建议

游戏时，宝宝可能只是咿咿呀呀地答应，妈妈一定要应和宝宝，妈妈说台词时，一定要慢，这样有助于和宝宝互动。

语言能力

扔球游戏

方法 妈妈找来一个无盖的盒子，再找来一些彩色糖球。将盒子放远一些，然后妈妈拿起一个糖球朝盒子里扔。当糖球扔到盒子里时，妈妈要说："哗啦，球进盒子里啦。"引导宝宝也来扔球。

目的 锻炼宝宝听觉的灵敏度，促进其听觉能力的发育。

专家指导建议

妈妈不要将糖球独自留给宝宝玩，以免宝宝误食、噎住，发生危险。

听觉能力

宝宝能力测评

1. 可以把瓶子的盖子正确放在瓶子上。　　　　　是□　　否□

2. 宝宝可以用手指打开纸包取出食物。　　　　　是□　　否□

3. 可以用手指从大瓶子里抠出糖果。　　　　　　是□　　否□

4. 可以叫出两个家长的称呼。　　　　　　　　　是□　　否□

5. 妈妈或者照料人抱其他宝宝时，宝宝会扯着要其抱自己。　是□　　否□

6. 给宝宝穿裤子时，宝宝可以自己伸腿入裤管内。　是□　　否□

7. 宝宝会自己用脚蹬去鞋袜。　　　　　　　　　是□　　否□

8. 宝宝可以自己扶着家具来回走。　　　　　　　是□　　否□

9. 可以自己用手脚爬上被垛或者台阶。　　　　　是□　　否□

10. 会竖起示指表示"1"。　　　　　　　　　　　是□　　否□

评分结果

答是加 1 分，答否得 0 分。
9~10 分，优秀；7~8 分，良好；5~6 分，
一般；5 分以下，宝宝需要加强训练。

育儿疑问专家连线

Q 宝宝缺锌的表现症状是什么？我家宝宝快 10 个月了，长得很瘦，饭量又小。头发又稀又黄，手指甲旁还长倒刺，貌似缺锌。需要怎样补锌啊，可以给宝宝喝补锌口服液吗？

A 头发是代谢的产物，缺钙或缺锌时，确实会反映在头发上，但是头发黄和稀，不一定就是缺锌，更多的是遗传因素引起的。随着宝宝长大，头发都会长好。不建议盲目给宝宝补锌，最好通过饮食解决。可以多吃些牡蛎、鱼类、猪瘦肉、猪肝、鸡肉、牛肉等。另外，坚果也是补锌的好食品。

Q 宝宝 9 个多月，现在就会自己扶着床栏站着。宝宝就喜欢这样站着，一不留神就站起来了。这会不会对腿部发育不利？

A 9 个月的宝宝不主张大人扶着站立。宝宝站立时只是脚尖着地，这种情况应该制止，否则对下肢发育不利。但如果宝宝能够自己轻松站立，而且是全脚掌着地，这就说明你的宝宝已经具备站立的能力了。除此之外，要提醒家长，在宝宝不能脚跟着地站立前，不鼓励宝宝学习行走。

Q 我家女宝宝 10 个多月，晚上睡觉不老实，翻来翻去，能换好多姿势，大人也跟着折腾，这是为什么啊？还有，最近喂辅食也不好好吃，很是头疼，我怎样才能改善这种情况？

A 10 个月宝宝夜里睡觉，经常更换睡姿，首先要检查一下是不是被褥不舒服，或者太薄、太厚，如果被褥都没问题，那就没问题，很多宝宝睡觉都喜欢翻来翻去的，这都正常。如果宝宝有自己的小床，就不会折腾大人了。宝宝不好好吃辅食，这要尽快改善。可试着让宝宝先吃辅食，然后吃奶，免得吃奶吃饱后更不愿意吃辅食了。另外，添加辅食要循序渐进，一样一样地添加，逐渐让宝宝喜欢上辅食。

Q 10 个月大的男孩，在户外遇到有风的天气总是流眼泪，这个正常吗？可以戴太阳镜吗？

A 由于 10 个月的宝宝眼泪管通畅度不够好，所以遇到天气有风时就可能出现流眼泪的现象。这是个发育中的问题，家长不用过分着急，如果严重应到眼科就诊。婴儿太阳镜质量通常不过关，不建议给宝宝使用。

Q 我家宝宝 10 个月了，舌系带有点短，宝宝伸出舌头的时候有开叉，请问需要做手术吗？

A 如果宝宝伸舌时舌尖呈"W"状，也就是伸舌时舌尖外伸受限，应该是舌系带过短。严重的舌系带过短会影响早期吃奶，也会影响以后发卷舌音，需要手术治疗。口腔科或外科都可以进行舌系带松解术。手术很简单，局部麻醉即可，术后稍压伤口，无明显出血，就能吃奶了。

Q 宝宝马上就 10 个月了，但是不喜欢吃粥，我只能给宝宝吃米粉，同时会在米粉里添加蔬菜和鸡蛋，这样的饮食方式可以吗？

A 从营养角度来说，为婴儿研制的米粉营养更均衡，其中添加了很多营养物质，口味也更适合宝宝。但是粥却比米粉更能锻炼宝宝的咀嚼和吞咽能力。学会吃粥之后宝宝才能顺利过渡到吃半固体或固体的食物。所以要在喂米粉的同时，让宝宝适当吃些粥。如果宝宝实在不爱吃，也可以尝试直接添加面条、馒头等面食，只要宝宝吃了不噎就可以。

Q 宝宝抵抗力有点低，吃哪些食物可以增强宝宝的抵抗力呢？

A 富含蛋白质的食物有助于增强抵抗力。首先每天要保证不低于 500 毫升的奶量，另外在辅食中可以添加一些肉末、肉松、鸡蛋、鱼类以及土豆泥、豆腐等。

第11个月 宝宝首秀站立和扶走

此期宝宝活动量更大，开始站立与扶走，因此体重增长速度很缓慢，处于徘徊阶段，一般每月增重300~400克。此时宝宝精神发育更加成熟，活泼好动，预示着婴儿期快要结束，已开始向幼儿期过渡了。

宝宝成长档案

生理指标	男宝宝	女宝宝
体重（千克）	7.9~12	7.2~11.3
身长（厘米）	69.6~80.2	67.5~78.7

宝宝发育特点

喜欢和家人在一起听故事、看书、玩游戏

会用逗笑来试验大人的容忍度

不接受强迫性的教导

说话吐字不清，会叫"妈""爸"

爱玩自己喜欢的玩具

大人拉着会蹲、会弯腰和爬楼梯

能连续性地用双手

可以独立站立，站立时可以转体90°

能由蹲姿转成站立的姿势

育儿要点提醒

✿ 锻炼宝宝自己吃饭

宝宝的小手越来越灵活了，可以开始锻炼宝宝自己拿勺子吃饭。给宝宝准备一套专用餐具，爸爸妈妈先给宝宝示范怎样用勺子吃饭，让宝宝进行模仿。

✿ 三餐食谱各不同

11个月宝宝的一日三餐的食谱也应该是不同的，这样能增加每次的摄取量，也能充分摄取一天所需的各种营养成分。

✿ 纠正宝宝吸吮手指的行为

1. 对已养成吸吮手指习惯的宝宝，应弄清原因。

2. 要耐心、冷静地纠正宝宝吸吮手指的行为。

3. 最好的方法是满足宝宝的需求。

4. 从小养成良好的卫生习惯，不要让宝宝以吸吮手指来取乐。

膳食营养补给站

⚘ 本月宝宝营养需求

第 11 个月的宝宝处于婴儿期最后两个月，是身体生长较为迅速的时期，需要更多的糖类、蛋白质和脂肪。

⚘ 科学喂养宝宝

这个月，宝宝所需的热量仍然是每千克体重 95 千卡左右，蛋白质、脂肪、糖类、矿物质、微量元素及维生素的量和比例没有大的变化。

父母不要认为宝宝又长了一个月，饭量就应该明显增加了，这容易导致父母总是认为宝宝吃得少，而使劲喂宝宝。父母要学会科学喂养宝宝，而不能填鸭式地喂养。

⚘ 鼓励宝宝自己吃东西

宝宝的小手越来越灵活了，可以开始锻炼宝宝自己拿勺子吃饭。给宝宝准备一套专用餐具，爸爸妈妈先给宝宝示范怎样用勺子吃饭，让宝宝进行模仿。此时，宝宝还不会自如地使用勺子，也可能不会准确地把勺子放到嘴里面，有的可能把勺子扔掉直接用手吃。不管是哪种情况，都要鼓励宝宝自己练习吃饭，慢慢培养宝宝独立进餐的好习惯。

 育儿直通车

有些家长总认为宝宝还小，吃主食都要做到软烂，吃蔬菜、肉都要剁得很碎，吃水果都要刮成水果泥。吃点固体食物，怕宝宝会噎着。喝水也要慢慢喂，怕宝宝呛到。其实没必要这样做，如果总也不给宝宝吃固体食物，宝宝的吞咽和咀嚼能力就不会得到发展。

妈妈要根据宝宝的热量需求科学地给宝宝喂饭，鼓励宝宝自己吃饭，避免造成宝宝厌食

✿ 宝宝的饮食呈现个性化

这个阶段宝宝表现出饮食个性化的倾向。

有的宝宝不再爱吃半流食，而只爱吃固体食物

有的宝宝能吃一儿童碗的饭

有的宝宝只能吃半儿童碗的饭

有的宝宝仅能吃几勺饭

有的宝宝很爱吃肉

有的宝宝爱吃鱼

有的宝宝喜欢喝奶

有的宝宝吃水果还要用勺刮着或捣碎了吃，但水果需要挤成果汁才能吃的宝宝几乎没有

这些都是宝宝的正常表现，父母要尊重宝宝的个性，不能强迫宝宝进食。

食物放一些味精调味，宝宝会更喜欢吃，但是宝宝吃味精，会导致宝宝体内缺锌，所以妈妈给宝宝制作食物的时候，尽量避免放味精

❀ 宝宝辅食避免放味精

一般说来，大人食用适量味精是有益的，但是宝宝则不宜多食用。多食味精会导致宝宝身体缺锌。这主要是因为味精的化学成分是谷氨酸钠，宝宝如果大量食用谷氨酸钠，能使血液中的锌变成谷氨酸锌，从尿液中排出，从而造成急性锌缺乏。

锌是人体必需的微量元素，能促进生长发育和思维敏捷，还能维持维生素 A 的正常代谢功能及对黑暗环境的适应能力。宝宝体内若缺锌，会引起生长发育不良、智障、性晚熟，同时，还会出现味觉紊乱、食欲缺乏等。所以说，给宝宝制作的辅食中不宜多放味精，尤其是对偏食、厌食和胃口不好的宝宝更要多加注意。

❀ 饮食调养防宝宝上火

1.多喝白开水对宝宝去火很有帮助，特别是夏季天气炎热的时候，可以让宝宝多喝一些清热的饮品，如绿豆汤、百合汤等。

2.像烤羊肉串、炸鸡、薯片、巧克力、奶油等容易上火的食物，尽量不让宝宝吃。夏天还应少吃桂圆、荔枝等热性水果。

3.食物中应尽量避免使用辛辣的调味品，如姜、葱、辣椒等。

✿ 多吃对宝宝眼睛有益的食物

蛋白质

功效： 蛋白质是组成人体组织的主要成分，能促进宝宝眼部组织的修复和更新。

食物来源： 瘦肉、禽肉、动物内脏、鱼、虾、奶类、蛋类等含有丰富的动物性蛋白质，而豆类中含有丰富的植物性蛋白质。

维生素A

功效： 维生素A能提高眼睛对弱光的适应能力，增加对黑暗环境的适应能力，宝宝若缺乏的话容易引起眼结膜干燥、眼泪少，甚至导致眼角膜穿孔致盲。宝宝补充足够的维生素A，能消除眼睛的疲劳，还可以有效预防和治疗夜盲症、干眼症和黄斑变性。

食物来源： 各种动物的肝脏、鱼肝油、奶类、蛋类及绿色、红色、黄色的蔬菜和橙黄色的水果，如胡萝卜、菠菜、韭菜、青椒、甘蓝、荠菜、海带、紫菜、橘子、哈密瓜、杧果等。

维生素C

功效： 维生素C是眼球水晶体的成分之一，宝宝如果缺乏维生素C，很容易导致水晶体浑浊，并可能患白内障。因此，应该在每天的饮食中注意补充维生素C。

食物来源： 鲜枣、芹菜、卷心菜、菜花、青椒、苦瓜、油菜、西红柿、豆芽、土豆、萝卜、柑橘、橙、草莓、山楂、苹果等。

钙

功效： 宝宝补充钙质，能消除眼肌的紧张。

食物来源： 奶类；水产品有鱼、虾、虾皮、海带、墨鱼等；干果类有花生、核桃、莲子等；菌类有香菇、蘑菇、黑木耳等；绿叶蔬菜有菠菜、小白菜、芹菜、香菜、油菜等。

宝宝每天吃点水果，能补充维生素C，让宝宝的眼睛明亮，皮肤嫩嫩

宝宝营养食谱

冬瓜球肉丸

宽肠胃，防便秘

材料 冬瓜50克，肉末20克，香菇
　　　1个。
调料 盐、姜末、生抽、香油各少许。
做法

1. 冬瓜去皮，去内瓤，冬瓜肉剁成冬
瓜球。

2. 将香菇洗净，切成碎末；将香菇末、
肉末、盐、姜末混合并搅拌成肉馅，
然后揉成小肉丸。

3. 将冬瓜球和肉丸码在盘子中，上锅蒸
熟，滴1滴生抽、1滴香油调味即可。

水果豆腐

补充维生素 C，提高身体免疫功能

材料　嫩豆腐 30 克，橘子肉 3 瓣，草莓、番茄各 15 克。

做法

1. 豆腐倒入开水中煮熟，捞出。
2. 草莓洗净，去蒂，切碎；取橘子瓣，切碎。
3. 将番茄洗净，去皮切碎。
4. 将豆腐、草莓、橘子、番茄倒入碗中，拌匀即可。

科学护理指南

❀ 如何应对宝宝厌食

厌食、偏食是宝宝一种常见病症，如果不及时调整，可能会导致宝宝体质下降，甚至影响宝宝的生长发育。导致宝宝厌食挑食的原因很多，最常见的有以下几种：

1. 受家人的影响比较大，妈妈对某种食物的偏好往往会影响宝宝。

2. 父母都希望宝宝摄取足够的营养，但是当宝宝拒绝吃某种食物时，父母还会强制地喂宝宝吃，这样就会让宝宝产生厌恶这种食物的心理。

3. 宝宝过量吃一些零食、生冷食物，伤了脾胃，导致宝宝出现厌食。

实际上，真正称得上"厌食症"的非常少见，大多数宝宝厌食或者挑食都是父母的喂养方法不当导致的。因此，如果你认为自己的宝宝出现厌食，首先要先检查一下自己的喂养方式是否有问题。其次看一看孩子的生长发育情况，如果宝宝发育正常，精神、睡眠都很好，那么就请妈妈尊重孩子自己的饮食习惯吧！

> **潮妈育儿新招**
>
> **保温餐盘**
> **——让宝宝的饭菜不变凉**
>
> 盘子是空心设计，盘边有可打开的入水口，将温水装入后盛装宝宝的食物，靠水的温度来保持食物的温度。吃饭的时候宝宝即使顽皮好动一会儿，饭菜也不容易凉，温热的食物有益于宝宝的脾胃健康。

❀ 如何应对"左撇子"宝宝

有些家长看到宝宝总是习惯使用左手就认为宝宝是左撇子（左利手），甚至还想要把孩子矫正成右手。

事实上，人是习惯右手还是左手都是天生的，因此，并不是因为左手使用得多了就成了左撇子。就算宝宝确实是左撇子，也完全没有必要故意去矫正。宝宝是用手开始触摸这个世界的，也是开始创造性地使用手的。

如果总是干预宝宝用左手去做什么，就等于是在束缚宝宝用手去进行创造。宝宝想用哪只手就让他用，这是宝宝的自由。

育儿直通车

　　妈妈要有策略地诱导宝宝，让他变得自己主动想换衣服。妈妈可以装作自己来穿的样子，说："这件漂亮衣服给妈妈穿吧？"从而激发宝宝换衣服的愿望。也可以将宝宝的衣服整理成很容易穿的状态，然后对宝宝说："宝宝要不要自己穿衣服？"只要宝宝表现出想自己穿的意愿，就要马上夸奖宝宝，并且顺势帮宝宝把衣服换上。

奶爸育儿经

"骑大马"

　　让宝宝跨坐在爸爸的肩上，爸爸用双手扶住宝宝，缓缓地起身或蹲下，将宝宝稳住，走到巷口街角看行人。爸爸可以慢慢地转身、绕圈，让宝宝看见不同的景象。起身或蹲下时，爸爸可以告诉宝宝现在是上升还是下降，让宝宝体会升高和下降的感觉。偶尔加快或放慢步伐，让宝宝有不同的速度感。

宝宝婴语解密

不喜欢换衣服
宝宝自述
　　换衣服好麻烦，又要伸胳膊，又要伸腿，而且穿了一层还有一层，我一点都不喜欢换衣服。可是妈妈却非常喜欢给我换衣服，衣服脏了要换，衣服湿了要换，睡觉了要脱，睡醒了要穿，真讨厌。

婴语解析
　　宝宝早就会配合妈妈穿衣服了，但这并不代表宝宝喜欢换衣服。如果你在宝宝玩游戏的时候换衣服，或者是给宝宝穿的衣服不舒服，宝宝就会很反感，再加上妈妈硬逼着宝宝换衣服，宝宝的厌恶程度就会更加强烈。

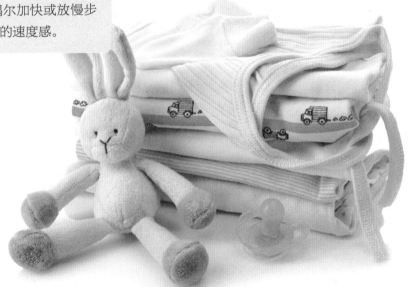

➕ 家庭医生

✿ 热伤风

夏季，由于频繁出入空调房，室内外温差比较大，宝宝很容易热伤风。症状比较轻的会出现流清鼻涕、鼻塞、打喷嚏、轻度咳嗽，症状比较重的可能会出现发热、怕冷、头痛、乏力、不爱吃饭等。当出现了热伤风的症状之后，要及时采取科学的治疗措施。

圣女果不仅好看，还含有丰富的维生素C，有助于帮助宝宝感冒痊愈

1. 夏天室温要保持在26~28℃，不要让室温过低。给宝宝多喝温开水，尤其是发热的宝宝，更要多补充水分。

2. 宝宝热伤风时往往会出现消化功能紊乱，消化酶减少，因此要让宝宝吃些清淡、易消化的食物。

3. 给宝宝吃一些富含维生素C的果蔬汁，比如番茄、猕猴桃等。维生素C可以提高抵抗力，帮助热伤风痊愈。

4. 保证宝宝充足的睡眠，热伤风时好好休息也有助于缓解病情。

5. 不要轻易去医院，避免出现交叉感染。

✿ 高温防中暑全攻略

预防措施	应对措施
1. 夏季带宝宝出行要避开阳光最强的时段，最好上午10时之前、下午4时之后再外出 2. 给宝宝穿透气性好的纯棉或竹纤维的衣物，不要穿过多、过厚，也不要穿太少让大部分皮肤裸露在外面 3. 给宝宝带上足够的水，以便随时补充身体丢失的水分	夏季带宝宝外出，一旦发现宝宝出现口渴、多汗、尿频、头晕、无力等症状，首先要想到中暑的可能 1. 如果宝宝出现中暑，要马上将宝宝转移到阴凉通风的地方 2. 如果宝宝还没有好转就要对宝宝进行物理降温。给宝宝脱去衣物、用冷毛巾冰敷额头、用温凉的毛巾擦拭宝宝全身 3. 如果宝宝出现呕吐的情况，可以让宝宝平躺后脸偏向一侧，然后清理口鼻，保持呼吸顺畅

✿ 宝宝蚊虫叮咬应对措施

在夏季，很多宝宝都有被蚊虫叮咬的情况，虽然不是什么大问题，但确实让很多家长伤脑筋。宝宝被蚊虫叮咬后会出现小疙瘩或者小红点，个别严重的宝宝甚至会出现被叮咬处明显红肿的情况，宝宝也会因此烦躁或哭闹。可以采取以下的措施：

1. 被蚊虫叮咬后要用盐水涂抹或湿敷叮咬处，有助于肿块软化。

2. 如果家里面有芦荟，可以把芦荟叶剥开，将芦荟汁涂抹在叮咬处，有助于止痒消肿。

3. 要勤洗手、勤剪指甲，免得宝宝将痒处挠破。

4. 市面上卖的一些婴儿专用止痒液也可以给宝宝用，但要看清楚其中是否含有酒精等刺激成分。

5. 可以用八角、茴香等调料泡水，给宝宝洗澡，这样有助于预防宝宝被蚊虫叮咬。

✿ 水痘

水痘是在宝宝幼儿期常见的一种疾病，传染性非常强，是由水痘病毒引起的，会破坏宝宝体内很多营养成分。通常有2~3周的潜伏期，在晚冬和春季发病率最高。

水痘表现

开始会出现一两个红色米粒大的丘疹，半天到第二天就遍及全身，并变成水疱的形态。一两日后变成发白、有浑浊液体的脓包，瘙痒难耐，最后脓疮萎缩结痂。有的宝宝会有轻度的头痛、发热。易引发口腔溃疡，进食时宝宝会感到疼痛。

处理方法：

1. 如果宝宝食欲不佳，应该准备无刺激性、容易消化的食物。

2. 增加柑橘类水果和果汁，并在宝宝的食物中增加麦芽和豆类制品，有助于减轻宝宝的水痘病症。

3. 别让宝宝吃温热、辛辣、刺激性强的食物，如姜、蒜、韭菜、洋葱、芥菜、荔枝、桂圆、羊肉、海虾、海鱼、酸菜、醋等，也不要让宝宝吃过甜、过咸、油腻的食物及温热的补品。

4. 从出痘到变成疮痂之前，要让宝宝尽量休息。如果没有发热，而又有食欲降低的情况，应准备无刺激性、容易消化的食物。

5. 发疹会很痒，宝宝会去抓，记得将宝宝的指甲剪短，并告诉宝宝不要去抓。如果宝宝太小，可以给他戴手套。

当宝宝出水痘食欲不佳的时候，可以喝些水果汁，不仅能补充维生素，还能提高食欲

宝宝智力加油站

小手翻翻翻

方法 将宝宝抱坐在妈妈腿上，拿出图画书。妈妈带着宝宝翻着，每翻一页就用手指着这一页的图画给宝宝进行讲解。看书时，鼓励宝宝学着妈妈的样子自己翻书。

目的 锻炼宝宝的精细动作能力。

 专家指导建议

刚开始宝宝还不会一页一页地翻，可能会一下子翻好多，这也是很大的进步，要多鼓励宝宝，多做些尝试，宝宝就会越做越好了。

精细动作
能力

拉布取小车

 方法 在桌子上铺上桌布，将玩具车放在桌布上，鼓励宝宝自己去够。妈妈可以引导宝宝去拽一下桌布，桌布被拽动，会带动玩具车。慢慢地他会联想到桌布会帮他拿到玩具。

 目的 锻炼宝宝的逻辑思维能力。

 专家指导建议

爸爸妈妈可以多发明一些类似的游戏，以锻炼宝宝的思维能力。

逻辑能力

钢琴演奏

方法 妈妈为宝宝准备一架玩具小钢琴或电子琴。将钢琴放在桌子上，妈妈握住宝宝的手，在琴键上随意敲打或拍打。妈妈也可以握住宝宝的手，用宝宝的示指敲击琴键，弹出一定的旋律。

目的 通过敲击钢琴或电子琴让宝宝感受不同的声音，刺激宝宝的听觉和音乐美感。

专家指导建议

敲打是宝宝的天性，这个时期的宝宝对自己弄出来的声音非常感兴趣，并且对不同的声音有了一定的敏感性。妈妈要放手让宝宝敲敲打打。

听觉能力

宝宝能力测评

1. 可以认识身体 5 个部位。　　　　　　　　　　　　是☐　否☐

2. 当宝宝看到动物、水果、日常用品、车辆等图的时候，

　　可以自己指出 6 幅。　　　　　　　　　　　　　是☐　否☐

3. 正确配上大小不同的瓶盖。　　　　　　　　　　　是☐　否☐

4. 用蜡笔在纸上乱涂，可以留下痕迹。　　　　　　　是☐　否☐

5. 在 1 分钟内能把 5 个小丸放入瓶子中。　　　　　是☐　否☐

6. 妈妈唱儿歌的时候，宝宝可以做出 4 种动作。　　是☐　否☐

7. 会用勺子盛饭，然后送入嘴里 1~2 勺。　　　　　是☐　否☐

8. 可以把帽子戴在头上，并放稳。　　　　　　　　　是☐　否☐

9. 不扶着物体，可以站稳 3 秒。　　　　　　　　　　是☐　否☐

10. 蜡笔上系着细线，宝宝摇晃细线，可以摇成圆圈。　是☐　否☐

评分结果

答是加 1 分，答否得 0 分。
9~10 分，优秀；7~8 分，良好；5~6 分，
一般；5 分以下，宝宝需要加强训练。

育儿疑问专家连线

Q 我家宝宝快 11 个月了，现在已经可以放手不用大人辅助单独走几步了，但是我们一直担心他走路太早对脚部发育不好，怎么办？

A 应该重点观察宝宝站、走的姿势。先看宝宝站、走时，脚跟是否能轻松着地；再看宝宝是否能控制身体的平衡。如果宝宝脚跟能轻松着地，身体平衡也能控制得好，就不会出现走得早而引起下肢发育的问题。

Q 宝宝 11 个月了，可是只长出了一颗牙，是不是缺钙啊？宝宝现在可以喂软饭了吗？另外现在可以给宝宝吃盐吗？

A 宝宝出牙有早有晚，每个宝宝的情况都不一样，出牙的间隔也不一样，所以不用着急。只要保证每天 500~1000 毫升的奶量，是不需要额外补充钙剂的，可以喂宝宝米粥、面条、小饺子、小馄饨了。建议每天不要超过 1 克盐，应该从小养成清淡饮食的习惯。

Q 宝宝 11 个月了，现在他会扶着东西迈步了，可是他的小腿总是弯弯的，好像伸不直，这是不是罗圈腿啊？

A 由于宝宝在妈妈子宫里生长时总是弯腿盘曲，所以 2 岁以前的宝宝都有轻度的"O"形腿（也就是罗圈腿）。在以后正常发育生长的过程中，如果不出现其他干扰因素，随着站立和运动的开始，宝宝下肢向内弯曲的现象能够自动地获得矫正。这个月已经会迈步走的宝宝，要继续鼓励他学会自己行走，只是站立和走路的时间不宜过长。

Q 我家宝宝从 8 个月就认生，直到现在还是害怕陌生人，宝宝这样会不会影响社交能力发展啊？

A 7~8 个月的宝宝都会有认生的现象，一直到 1 岁多宝宝也会认生，这都是很正常的现象，对宝宝不会有什么影响。爸爸妈妈可以多带宝宝到公共场合，多与陌生人接触，是缓解认生的好办法。

Q 10 个多月的男宝宝到现在为止还不会爬，会不会有问题？

A 如果 10 个月婴儿还不会爬，应该带宝宝到医院检查，确定神经和下肢肌肉发育是否有问题。如果宝宝爬得不够标准，即不是手膝爬，可以多给宝宝练习爬的机会。如果宝宝不喜欢爬，而只想站，说明发育没什么问题。但还是尽可能创造机会多让宝宝爬。

Q 宝宝脾气不好怎么办？

A 当宝宝无理取闹时，可以采用冷处理的方法。适当强制性地让他休息片刻、换种方式转移宝宝的注意力，或者选择暂时冷落他一阵。要让宝宝知道发脾气的方法没有用，慢慢地他就会停止用发脾气来达到自己的目的了。之后会在家长的耐心教导下，慢慢学会自我控制情绪。

Q 宝宝最近已有 10 多天一直流清鼻涕，但也不是很严重，无其他感冒不适症状，精神状态也良好，需要给宝宝吃药吗？

A 宝宝可能患了鼻炎，可不用吃药。只要注意保持鼻道通畅，及时清理鼻腔分泌物，用棉签将分泌物卷出来即可。如果有鼻痂，可滴 1~2 滴乳汁在鼻腔，揉揉鼻子，使鼻痂软化后将其卷出或打喷嚏排出。应注意保持室内湿度，以免空气干燥，导致鼻痂形成，造成鼻腔堵塞。

Q 请问 11 个月的宝宝可以睡记忆棉的床垫吗？据说可以保护脊柱。

A 11 个月的宝宝处于生长发育高峰期，不应受到人为限制。只要没有神经系统发育异常，就没有必要担心宝宝的发育。每个宝宝都有自己的发育轨迹，家长要尊重宝宝的成长规律，不要随便相信各种广告，给宝宝购买一些完全没必要的产品。

第12个月 独立迈开精彩人生第一步

宝宝即将迎来自己的周岁生日，记忆能力增强了。婴儿期就要结束，特别活泼，能够扶着栏杆等东西站起来扶着走。发育快的宝宝到此时已能单独站稳了。因此，随着孩子越来越淘气，大人要一天到晚看着他，以防意外。

宝宝成长档案

生理指标	男宝宝	女宝宝
体重（千克）	8.1~12.4	7.4~11.6
身长（厘米）	70.7~81.5	68.6~80

宝宝发育特点

想讨人喜欢

玩具不见了会到处去找

喜欢拍打能发出声音的玩具

给宝宝脱衣服时宝宝会自己抬起胳膊配合

能学会简单的游戏，如捉迷藏

拇指和示指能并拢，抓握动作接近大人

平衡能力增强，扭过身去抓背后的东西身体不会摇晃

少数宝宝已经会走路了

不会走路的宝宝，牵手时能跌跌撞撞地走路

育儿要点提醒

✿ 偏食的宝宝注意补充营养

蛋白质、维生素、热量、膳食纤维等都是宝宝茁壮成长的必需营养，所以妈妈平时要多注意让宝宝及时补充这些营养，避免宝宝营养不良，影响生长发育。

✿ 逐渐过渡到以谷类为主食

接近1岁就要让宝宝逐渐向以谷类为主食过渡。所以可以开始给宝宝做些米饭、小包子、小馄饨之类的辅食。

✿ 不吃蔬菜不能用水果代替

水果和蔬菜不能互换，不能因为宝宝不爱吃菜就用水果代替。水果中含有较高的糖分，吃多了会造成宝宝肥胖，还会损坏宝宝的牙齿。

✿ 让宝宝接受蔬菜

1. 增加蔬菜种类。
2. 改善烹调方法。
3. 爸爸妈妈要为宝宝做爱吃蔬菜的榜样。
4. 多鼓励宝宝吃蔬菜。

✿ 宝宝断母乳的方法

1. 在准备断奶前就应该逐渐减少喂奶的次数。
2. 适当转移宝宝对母乳的关注。
3. 妈妈还可为喝奶限定条件。

✿ 宝宝上火应对措施

1. 鼓励宝宝合理补充膳食纤维。
2. 不要给宝宝吃薯片、饼干这些容易上火的零食。
3. 给宝宝穿轻薄透气的衣服。
4. 要保证宝宝好好睡觉，增强抵抗力。

膳食营养补给站

❀ 本月宝宝营养需求

第 12 个月的宝宝即将断母乳了，食物结构有较大的变化，这时食物营养应该更全面和充分，每天的膳食应含有糖类、蛋白质、脂肪、维生素、矿物质和水等营养素，应避免食物种类单一，注意营养均衡。

❀ 多吃蔬菜水果

宝宝现在的喝奶量逐渐减少，辅食量逐渐增加，如果辅食中含蛋白质、脂肪比较多，含膳食纤维比较少的话，宝宝就很容易出现便秘，因此要鼓励宝宝多吃蔬菜水果。胡萝卜、油菜、菠菜、白菜、番茄等都是很好的选择。

宝宝婴语解密

不好好吃饭，玩食物

宝宝自述

又到吃饭时间了，看爸爸妈妈吃得真香，为什么他们都自己吃饭，却不让我自己吃呢？我不喜欢总是让妈妈喂，我也想自己吃饭。可是爸爸妈妈没有给我准备吃饭的工具，怎么办呢？对了，我有手啊，我可以用手去抓，就这么办。自己吃饭的感觉真棒！

婴语解析

宝宝对自己吃饭感兴趣，并且伸手去抓食物，这是宝宝探索世界的一个方式，也是非常愉悦的体验。

妈妈们禁止宝宝拿小东西，肯定是出于安全考虑，因为不到 1 岁的宝宝很有可能将小物件放到嘴里，一不小心就会发生误吞误食的情况。为了保证安全，建议妈妈平时要将宝宝能拿到的小东西都收起来。另外，可以在游戏时间陪宝宝一起玩抓小东西的游戏，有家长的陪伴，安全也能得到保障。

❀ 偏食宝宝饮食调养方

虽然我们提倡宝宝不偏食，但实际上偏食的情况很常见。为了保证偏食宝宝的营养，在矫正宝宝偏食的同时，要注意补充相应营养。

不爱喝奶的宝宝，要多吃肉蛋类，以补充蛋白质。

不爱吃蔬菜的宝宝，要多吃水果，以补充维生素。

不爱吃主食的宝宝，要多喝奶以提供更多热量。

便秘的宝宝要多吃富含膳食纤维的蔬菜和水果。

❀ 四大方法让宝宝爱上蔬菜

增加蔬菜种类

每天给宝宝提供 3~5 种蔬菜，并注意要经常更换品种。如果宝宝仅仅拒绝吃 1~2 种蔬菜，可以试试换同类蔬菜，如不爱吃丝瓜可以改为黄瓜，不爱吃菠菜可以改为油菜等。还可以有意识地让宝宝品尝各种时令蔬菜。

改善烹调方法

宝宝的菜应该做得比大人的细一些、碎一些，同时要注意色、香、味。炒菜前可以把青菜用水焯一下，去掉草酸涩味。一些味道比较特别的蔬菜，如茴香、胡萝卜、韭菜等，如果宝宝不喜欢吃，可以尽量变些花样，例如放入馅里，让宝宝慢慢适应。

**爸爸妈妈
要为宝宝做榜样**

爸爸妈妈要带头多吃蔬菜，并表现出津津有味的样子。不要带头挑食，否则宝宝会模仿。

多鼓励宝宝

告诉宝宝吃蔬菜和不吃蔬菜的后果，有意识地鼓励宝宝，可以用一些奖励的方法。

宝宝营养食谱

米团汤

补充热量

材料 米粉25克，米饭50克，萝卜10克，柿子椒8克。

调料 盐适量。

做法

1. 将米饭和米粉混合并搅拌均匀，然后揉成米团。

2. 将萝卜和柿子椒切成小碎块。

3. 将清汤、萝卜碎、柿子椒碎一起放入锅中煮熟，再放入米团煮沸，加盐调味即可。

胡萝卜小鱼粥

补钙，增强免疫功能

材料　大米粥30克，胡萝卜30克，小鱼干1大匙。

做法

1. 胡萝卜洗净，去皮，切末；小鱼干泡水洗净，沥干。

2. 将胡萝卜、小鱼干分别煮软，捞出，沥干。

3. 锅中倒入大米粥，加入小鱼干搅匀，最后加入胡萝卜末煮滚即可。

科学护理指南

❀ 给宝宝穿便于活动的衣服

由于宝宝的活动非常频繁，所以要穿便于活动的衣服。1周岁前后，宝宝与大人们穿得差不多就行了。活动量大容易多出汗，因此要经常换洗内衣，保持清洁。宝宝的成长比较快，所以，在挑选衣服时，往往要挑选尺寸大一些的衣服。如果袖子或裤腿太长，可以挽起来，以便宝宝活动时不受影响。

❀ 别让宝宝隔着窗子晒太阳

隔着窗子晒太阳对防治佝偻病没有丝毫的作用。在人的皮肤内有 7- 脱氢胆固醇，经过阳光中紫外线的照射，可以转变成维生素 D_3，具有防治佝偻病的作用。但是要注意，在晒太阳时一定要暴露皮肤，使阳光中的紫外线直接照射到皮肤上。如果隔着窗子晒太阳，阳光中的紫外线会被玻璃吸收或反射回去，紫外线不能或很少透过玻璃照射到宝宝的皮肤上，所以这样做根本起不到防治佝偻病的作用。

因此，晒太阳时不能隔窗，而且，即便是在室外，也应尽量多地暴露宝宝的皮肤，使阳光充分照射。当然，也要避免过于强烈的阳光直接照射宝宝的皮肤，可选择树荫下有缝隙处进行照射。

❀ 纠正含着奶嘴睡觉的习惯

在这个时期，应该纠正宝宝含着奶嘴睡觉的习惯，因为这样很容易形成蛀牙。平时，应该慢慢地哄宝宝入睡，而且最好用杯子喂奶。

在这个时期，宝宝开始有了独立的意识，即使妈妈在身旁，也会独自玩耍。独自吃饭、独自走路的训练，能够培养宝宝的独立性。过分地干预，反而会妨碍宝宝的正

潮妈
育儿新招

洗手液
——天然免洗

当宝宝玩耍后，手非常脏，又没有水可以洗手的时候，有一种非常适合宝宝使用的免洗洗手液，不含酒精，非常温和，不会伤害皮肤，挤出来的液体是泡沫型的，洗完后，宝宝瞬间可以安全地去拿东西。

常发育，而且不能过于害怕"宝宝危险"，应该耐心地观察宝宝的行为。另外，应该让宝宝体验失败，并且逐渐培养不怕失败、勇于挑战自我的性格。

✿ 宝宝穿袜子有益健康

保持体温	宝宝的体温调节功能尚未发育成熟，当环境温度略低，摸宝宝的脚就会感觉凉凉的，如果给他穿上袜子，就能起到一定的保温作用，避免着凉。
避免外伤	随着月龄的增长，宝宝下肢的活动能力会提高很多，常会乱动乱蹬。这样一来，损伤皮肤、脚趾的机会也就增多了，穿袜子可以减少这类损伤的发生。
清洁卫生	宝宝肌肤接触外界的机会多了，一些脏东西，如尘土等有害物质，可通过宝宝娇嫩的皮肤侵入体内，增加感染机会，穿上袜子就能起到清洁卫生的作用，还能防止蚊虫叮咬。

奶爸育儿经

一二一，一起走

宝宝的后背贴着爸爸的膝盖，双脚踩在爸爸的脚背上。爸爸拉着宝宝的双手，一边喊着"一二一"的口令，一边迈着适合宝宝的小步子，带动宝宝往前走。这个游戏可以帮助宝宝更好地掌握走路的技巧。

妈妈可以给宝宝买些漂亮的袜子，既美观，又可以保护宝宝的小脚丫

家庭医生

❀ 鼻出血

由于春季儿童容易发生鼻出血，宝宝活动的时候，妈妈要注意看护好，避免鼻外伤；如果有春季鼻出血史，可以服用金银花、菊花、麦冬等加以预防。

鼻孔内发痒，宝宝会用手去挖，这样就可能导致流鼻血，平时应注意避免。

一旦发生鼻出血，让宝宝站立或坐下，头向前倾，捏住宝宝鼻翼上方一会儿，把消毒棉或软纸塞入鼻孔。躺卧，把毛巾用冰水打湿后拧干，冷敷额头到鼻子的部位。

❀ 扁平足莫怕

宝宝的脚底脂肪都比较厚，而且韧带也比较松，所以几乎所有的宝宝此时看起来都像是扁平足，不过3岁以后，足弓就会显现出来了，所以现在是不影响宝宝学走路的。即使3岁以后宝宝还是扁平足，也不是什么严重问题，不需要担心。

❀ 肺炎的应对措施

症状表现	1.患肺炎的宝宝大多表现为突然高热，呼吸增快或表浅，咳嗽时表现出疼痛的表情，精神萎靡，食欲缺乏或烦躁不安。 2.重症肺炎患儿还会出现呼吸困难、鼻翼翕动，胸骨上窝、肋间以及肋骨弓下部随吸气向下凹陷，口唇及指甲发绀等症状。 3.除新生儿外，患肺炎的宝宝一般都会有39℃以上的高热；有些早产儿、新生儿或体弱儿患肺炎时，往往并不发热，而是表现为拒奶、口吐白沫、呼吸困难、面色发青等。
饮食护理	1.如果宝宝发热期间有食欲的话，可以给代乳食品，如易消化的粥类、米粉、藕粉、绿豆汤、菜汁等。 2.恢复期间退热后可进食润肺生津的食物和肉类，如鸡蛋羹、鱼汤、瘦肉汤、丝瓜、荸荠、银耳、沙参、玉竹、山药、扁豆等。 3.还要给宝宝足够的水及新鲜果汁。
日常生活护理	如果宝宝咳嗽得厉害，可以抱起拍背片刻，协助宝宝把痰液排出来。

❀ 宝宝认生应对措施

快满1周岁的宝宝认生应该会有所缓解，但是依然有很多宝宝还是很认生，见到陌生人就哭。能够区分熟人和生人，这也是宝宝认知能力的进步。我们允许宝宝一定程度上的认生。但是宝宝太认生或者认生太久也不好，会影响宝宝社会交往能力的发展。爸爸妈妈要慢慢引导，让宝宝逐渐习惯和陌生人打交道。

在陌生人出现时，妈妈抱起宝宝直到他慢慢适应。

陌生人不要急于和宝宝熟悉起来，先和宝宝保持一定距离，然后再用玩具、食物等向宝宝示好，给宝宝一个接受你的过程。

通过爸爸妈妈有规律的离开和归来，帮宝宝建立内心的安全感，这也有助于帮助宝宝顺利度过认生期。

宝宝怕生的时候，会哭闹，这个时候，妈妈要及时给予安慰，消除宝宝的惧怕情绪

宝宝智力加油站

拔河比赛

 方法 让宝宝坐在床上，妈妈坐在宝宝的背后保护宝宝。爸爸抓住弹力袜的一端，让宝宝抓住另一端。爸爸轻轻向后拉袜子，让宝宝也学着爸爸的样子向后拉。爸爸突然松开手，让宝宝自然向后倒进妈妈的怀抱。

目的 锻炼宝宝的平衡能力，让宝宝站得更稳。

专家指导建议

做动作的时候要注意慢，不要让宝宝受伤。

 大动作能力

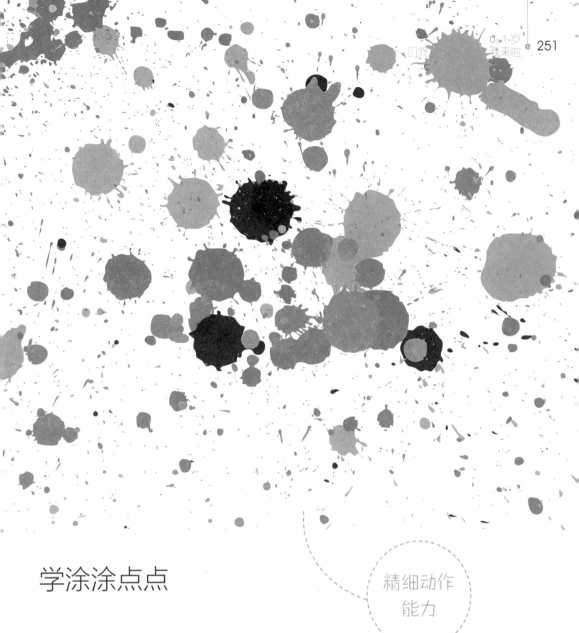

学涂涂点点

精细动作
能力

方法 准备彩色蜡笔，让宝宝用蜡笔在纸上任意涂涂点点，虽然这时候还看不出来画的是什么东西，但对他学习色彩是很有帮助的。

目的 训练手部的运动，不仅能锻炼宝宝手的灵巧性，还对他的智力发育相当有好处。

 专家指导建议

妈妈给宝宝选择的蜡笔，一定要有一支暖色调的，如大红、玫瑰红或黄色的，因为这些颜色能让宝宝表现出活泼、热烈、天真的情趣。

认知能力

泡泡浴

 方法 在宝宝的浴盆中放入婴儿专用起泡剂，形成大量的泡泡。将宝宝放到水中，把身体藏起来。然后妈妈教宝宝寻找手臂、大腿、小脚丫、肚子。

 专家指导建议

妈妈可以将宝宝喜欢的洋娃娃放入水中，教宝宝认识眼睛、嘴巴、鼻子。

 目的 让宝宝在洗澡当中认识身体的四肢，刺激宝宝的触觉发育。

宝宝能力测评

1. 从杂色积木和珠子之中，可以挑出红色的积木和红色的珠子。　　是□　　否□

2. 可以将 5 个环套在棍子上。　　是□　　否□

3. 可以用 4 块积木搭高楼。　　是□　　否□

4. 用棍子够取远处的玩具。　　是□　　否□

5. 别人叫宝宝名字时，宝宝会走过来。　　是□　　否□

6. 会哄布娃娃不哭，喂布娃娃吃饭，给布娃娃盖被子。　　是□　　否□

7. 会用示指和拇指捏取食物。　　是□　　否□

8. 自己能走稳 5 步。　　是□　　否□

9. 可以扶栏上小滑梯、手脚踏 1 台阶，扶住坐下。　　是□　　否□

10. 能爬上椅子、桌子，够到玩具。　　是□　　否□

评分结果

答是加 1 分，答否得 0 分。
9~10 分，优秀；7~8 分，良好；5~6 分，
一般；5 分以下，宝宝需要加强训练。

育儿疑问专家连线

Q 宝宝马上满1周岁了，但他每天凌晨两三点钟总是要吃夜奶，之前试过很多办法都没成功，我该怎么办啊？

A 宝宝现在还断不了夜奶，一种原因是饿，还有一种原因是需要吸吮安慰。你要了解你的宝宝是哪种原因。如果宝宝饿了想吃奶，那就要让宝宝吃饱，入睡前半小时可给宝宝喝顿奶；如果是需要吸吮安慰，可换种方式安慰宝宝，如温柔地抱着宝宝，轻声地哄宝宝睡觉等。

Q 我和老公都比较忙，每天奶奶一个人带宝宝非常辛苦。为了方便，我都是用现成的果汁、果泥代替新鲜水果，这样可以吗？

A 自己制作的果汁、果泥不能和新鲜水果相比。新鲜水果在捣碎和压榨过程中，不会被氧化，但是，存放过程中会被氧化，营养价值也会大打折扣。新鲜水果中富含粗纤维，能够促进排便。另外，宝宝吃水果的过程也是锻炼咀嚼、吞咽能力的过程。

Q 我和老公平时都上班，宝宝由姥姥、姥爷带，我们只能每天下班后及周六周日陪宝宝，有什么办法能增进亲子感情呢？

A 建议上班族父母每天下班后拿出1小时左右的时间和宝宝一起玩。可做一些简单的游戏，或者讲讲故事、唱唱儿歌。周末要安排和宝宝一起到户外活动，在游玩时和宝宝交流，促进亲子感情，帮助宝宝健康成长。

Q 闺女马上就满1岁了，见谁都愿意跟，没有防范意识，怎么办？

A 1岁左右的宝宝还不理解"危险"的含义，所以对生人没有防备，这也是正常现象。家长只能加强防范。等宝宝到了1岁半左右，可以利用过家家等游戏，让宝宝初步了解不是所有人都能被信任。但是要注意方法，应该说"和陌生人走了之后，就见不到爸爸妈妈"之类的话。

Q 宝宝的纸尿裤往往在半夜就已经尿湿了，我想给她换干净的，但是又怕她会醒，影响她的睡眠，不换的话又怕出现红屁股。我到底该不该给她换纸尿裤呢？

A 我们一般不建议为了换纸尿裤而影响宝宝睡眠。除非纸尿裤确实已经潮湿了，那就必须换掉，免得尿液会刺激宝宝皮肤导致尿布疹。建议你可以选一些夜间专用的超长时干爽型纸尿裤，这样既可以避免宝宝出现尿布疹，又不用担心换纸尿裤会把宝宝弄醒了。

Q 宝宝做事情没有耐心，一遇到自己做不了的事情，一般试了两三次还不行，就会发脾气，还会摔玩具、打大人，这种情况我该怎么办？

A 宝宝会有这些反应，这是因为他目前能力有限，而不是宝宝无理取闹，所以不要试图在短时间内就能改变他。在宝宝发脾气的时候，要尽量温和地面对他、安慰他，哪怕只是温和地看着他发脾气，然后替他说出心里的烦躁，让他知道妈妈是理解他的。

Q 最近发现宝宝牙齿上面有黄斑，这是咋回事儿啊？

A 这种情况可能有几个原因。一种可能是水质中含氟量高，影响牙釉质的正常发育导致的。但是如果宝宝的牙齿之前一直正常，最近才发现这个情况，那就有可能是后天因素造成的，如吃太多色素含量高的食物，比如橘子、胡萝卜等。另外，如果平时不注意清洁牙齿，牙齿也会变黄。

Q 宝宝不喜欢喝白开水，怎么办？从小在月子里都不怎么喜欢喝，要喝甜水。

A 宝宝的味觉发育非常敏感，喜欢喝糖水的习惯是从小形成的，要改变需要慢慢来。在宝宝喝的水中逐渐减少糖的成分或添加少量的果汁代替，逐渐过渡比较好。新生宝宝出生后千万不要喂糖水，这种习惯有百害而无一利，而且改变起来比较困难。

12 个月宝宝
能力图解

语言沟通

以挥手表示"再见"

会模仿简单的声音

自我控制和
社会交往

会脱帽子

叫他，他会过来

拍手

会把一个小东西放入杯子

细动作

会撕纸

粗动作

双手扶着家具会走几步

用手扶着会移几步

扶着物体自己站立

1~2 岁

我的成长
我做主

宝宝喜欢走来走去
宝宝会自己拿着杯子喝水
宝宝可以灵活上下楼梯了
乖宝有时却秒变熊孩子
……
宝宝在一天天地长大

但是，
如何科学喂养宝宝呢？
如何悉心照顾宝宝呢？
如何开发宝宝的智力呢？
这些养育中的疑难之处，
本章将详细为您讲解！

长成大宝宝了，自信满满

宝宝刚学会走路，总喜欢走来走去，你是不是觉得宝宝脾气大了很多？很多事情是不是让你很头疼呢？

宝宝成长档案

生理指标	男宝宝	女宝宝
体重（千克）	8.5~12.2	7.8~12
身长（厘米）	72.8~83.9	70.8~82.5

宝宝发育特点

能够搭起5块积木

会用表情、动作和简单的语言表达完整的意思

味觉很灵敏，对不同的气味有不同的反应

主动与外界交流

走路早的宝宝走得更稳，走路晚的也会迈步了

拇指、示指和中指能够很好地配合，捏起物品

宝宝喜欢自言自语，词汇量增多

有的宝宝已经会用自己的名字表示"我"

既渴望独立，又对爸爸妈妈很依赖

育儿要点提醒

科学安排宝宝的早餐

1. 主食应该以谷类食物为主。

2. 荤素搭配。

不宜给宝宝吃的食物

1. 不宜给宝宝吃带刺的鱼、带骨头的肉，以免鱼刺或骨头卡在宝宝的喉咙里。

2. 不宜给宝宝吃花生等坚果类食物，避免食物被宝宝吸入气管，给宝宝带来生命危险。

宝宝闹情绪巧应对

1. 让宝宝冷静下来最重要。

2. 看到宝宝哭闹，妈妈做到冷静地处理。

表扬宝宝须知

1. 表扬及时，趁热打铁。

2. 表扬的内容应该是宝宝经过努力才能做到的事情。

3. 要夸具体、夸细节。

父母的表扬是宝宝自信心的源泉

一般情况下，宝宝的自信心、信任感和积极的性格都是在婴儿期形成的，因此，父母的态度决定了宝宝的未来。这个阶段的宝宝喜欢做事，不肯闲着，喜欢听表扬。

膳食营养补给站

不能只喝配方奶粉

虽然配方奶粉可以同时提供给宝宝蛋白质、脂肪、维生素、矿物质等营养，但是绝对不能只喝配方奶粉。配方奶粉中的糖类、维生素、膳食纤维还不能完全满足宝宝生长发育的需要，所以需要吃各种食物，以保证营养均衡。

能正式咀嚼并吞咽食物了

12个月以上的宝宝开始长出臼齿，发育快的宝宝已经长尖牙了。宝宝长出臼齿后就能正式咀嚼并吞咽食物，一日三餐都可以和爸爸妈妈一起在餐桌上吃，但最好每天再喝几百毫升的奶。

这样的宝宝早餐才理想

1. 主食应该以谷类食物为主。如食用馒头、包子、面条、面包、蛋糕、饼

营养丰富的早餐，有利于宝宝的健康成长

干、粥等，要注意粗细搭配，有干有稀。

2. 荤素搭配。早餐应该包括奶、奶制品、蛋、鱼、肉或大豆及其制品，还应安排一定量的蔬菜。

3. 奶加鸡蛋不是理想的早餐。奶和鸡蛋都富含蛋白质，但糖类的含量较少。因此，早餐除奶和鸡蛋以外，必须添加馒头、面包、饼干等食物，这样才能保证营养均衡。

育儿直通车

1岁的宝宝可以吃稀饭，也可以吃大人吃的大部分食物。但是在喂的时候，应选择味淡而不甜的食物，并做成宝宝容易咀嚼的软度和大小。宝宝到16个月时，可以无异常地消化软饭，还可以吃米饭，而且对以饭、汤、菜组成的大人食物比较感兴趣，但还不能直接喂大人吃的食物。

避免给宝宝吃危险食物

1. 不宜给宝宝吃带刺的鱼、带骨头的肉，以免鱼刺或骨头卡在宝宝的喉咙里。

2. 不宜给宝宝吃较大颗粒状的食物，比如花生米、瓜子、开心果、杏仁、核桃仁、糖球、豆子、爆米花等，因为这些食物容易被宝宝吸入气管，给宝宝带来生命危险。

不宜给宝宝吃以上这些危险食物，而方便面、可乐、罐头等不健康食品更可怕，容易给宝宝带来危害，爸爸妈妈们一定要注意了。

❀ 忌吃补品

有些爸爸妈妈认为给宝宝吃补品更有利于身体健康，吃人参糖、人参饼干，喝人参奶粉、人参可乐，有的还给宝宝喝冰糖燕窝。这些补品如果让老人或病人服用也许有益处，但让宝宝食用却是有害的。

因为人参可促进激素分泌，燕窝可促进性腺功能，宝宝食用后，可能发生性早熟。另外，补品中含有的激素或激素类物质会导致宝宝骨骼提前闭合、缩短骨骼生长期，导致身材矮小。所以，爸爸妈妈们一定要记住，5岁以内的宝宝不应吃补品！

❀ 及时给宝宝补锌

这个阶段，妈妈们要注意给宝宝补锌了。锌是宝宝生长发育期很重要的一种微量元素。宝宝缺锌，将无法增生骨骼细胞，引起生长发育障碍，甚至引发某些疾病，因此应该尽早给宝宝添加富含锌元素的辅食。妈妈们在日常的饮食中要注意多给宝宝吃些含锌量丰富的食物，比如牡蛎、牛奶、虾等。总的来说，动物性食物含锌量比植物性食物高。

妈妈及时给宝宝补锌，有利于宝宝骨骼的发育

❀ 出现厌食现象不必担心

和以前相比，宝宝的食量不但没有增加，还有所下降，甚至出现了厌食的现象。这和宝宝第三四个月可能出现的厌奶现象类似，是因为这段时间添加饭菜导致宝宝的肠胃疲劳，需要调整一段时间。

在此期间宝宝会更偏爱喝奶，这也没什么问题，配方奶粉足以提供足够的营养，过了这段厌食期，宝宝就会重新爱上吃饭的。

❀ 让宝宝多喝白开水

如果宝宝不喜欢喝水，妈妈会想当然地认为饮料也是液体，饮料可以替代水。这种观念是错误的，不管是什么饮料都不适合宝宝喝。各种饮料中都含有较高的糖分以及各种添加剂，对宝宝无益。另外，总是用饮料代替水也是导致宝宝不爱喝水的原因。其实，宝宝渴的时候，只要你不提供给他饮料，他就会选择喝水的。

饮料中的糖分及添加剂不利于宝宝的健康成长，所以，妈妈应该让宝宝养成喝白开水的好习惯

好看的餐椅、漂亮的勺子等，都能引起宝宝吃饭的兴趣

宝宝必吃的动物性食物

动物性食物是1岁以上宝宝不可缺少的食物。宝宝适当吃些动物性食物有利于生长发育。动物性食物含有宝宝所需的大量营养物质，就蛋白质而言，动物性食物的蛋白质中，含氨基酸的比例与人体的很接近，更易吸收、利用。

另外，动物性食物在供给热量、促进脑发育、促进脂溶性维生素的吸收与利用方面功不可没。它含有的多种不饱和脂肪酸是宝宝体格和智能发育的"黄金物质"。

让宝宝爱上吃饭的方法

很多家长唯恐宝宝营养不足，总是嫌宝宝吃得少。宝宝肯定知道饱和饿，如果宝宝不饿，他自然就不愿意吃。如果爸爸妈妈经常强迫宝宝吃东西，久而久之，吃饭就成了一种负担，宝宝会更加抵触吃饭这件事。

想要让宝宝爱上吃饭，除了不强迫宝宝进食外，还要鼓励宝宝自己吃饭。给宝宝准备一个小餐椅，让宝宝自己拿勺吃饭，自己拿杯子喝水，用手拿着食物自己吃。宝宝喜欢自己做事情，越早鼓励宝宝自己吃饭，宝宝对吃饭的兴趣就越大。

宝宝营养食谱

乌龙面蒸蛋

补充热量

材料 乌龙面50克，菠菜20克，香菇碎、胡萝卜碎各10克，鸡蛋1个。

调料 高汤、盐各适量。

做法

1. 将乌龙面用热水烫过并拔散后，切成5～6厘米长的小段；菠菜洗净，煮熟，捞出，挤干，切碎。

2. 将鸡蛋打散，加高汤和盐搅匀，将乌龙面、香菇碎、菠菜碎、胡萝卜碎、蛋汁倒入容器中，再用蒸笼蒸约10分钟即可。

白菜丸子汤

利尿通便，清热解毒

材料 白菜 300 克，猪肉馅 100 克。

调料 盐、鸡蛋清、鲜汤、香油各适量。

做法

1. 将白菜择洗干净，切成段；猪肉馅加盐、鸡蛋清拌匀，用手挤成小丸子。

2. 汤锅置火上，加适量鲜汤煮沸，下小丸子煮熟，下入白菜段煮沸，加入盐、香油调味即可。

科学护理指南

宝宝耍脾气应对措施

1. 让宝宝冷静下来最重要。妈妈可以把宝宝抱在怀里，但是不要说话也不要拍着哄宝宝，要严肃一些。如果宝宝的哭闹有点缓和了，那就拍拍宝宝。一直到宝宝停止哭闹了，你再看着宝宝，告诉他，"哭闹是不对的，因为你的要求不合理，所以妈妈才不答应你。哭闹也是没有用的，妈妈希望你以后不要再这样了"。

2. 看到宝宝哭闹，妈妈很难做到冷静地处理，但是只有冷静处理的办法才是最有效的，也可以避免宝宝养成用哭闹来达到自己目的的习惯。

潮妈
育儿新招

马桶便盆
——带有音乐和轮子的便盆

有一种抽屉式的便盆，造型可爱，颜色鲜艳，还带有儿童音乐。采用环保PP材质制作，安全无毒无味，根据人体结构设计，让宝宝坐得更舒适。

看，宝宝要脾气时，感觉好委屈

父母关心和赞扬的重要性

在这个时期，宝宝的自我意识逐渐形成，因此需要父母的关心和赞扬。一般情况下，宝宝的自信心、信任感和积极的性格都是在婴儿期形成的，因此，父母的态度决定了宝宝的未来。这个阶段的宝宝喜欢做事，不肯闲着，喜欢听表扬。

爸爸妈妈每天要给宝宝展示才能的机会，吩咐宝宝做些小事情，如"给妈妈开门""给娃娃洗洗脸"等，宝宝每完成一件事情都会很高兴。爸爸妈妈要用"真能干"等词语鼓励宝宝，使宝宝尽情享受成就感带来的喜悦。在宝宝的成长过程中，父母和宝宝之间的交流与互动将发挥非常重要的作用。

但是，也不能放任宝宝的错误行为。当宝宝犯错误时，应该果断制止。如果做同样的事情，却得到不同的评价，那么，宝宝的是非观就容易混淆。

正确表扬宝宝的方法

1. 表扬要及时，趁热打铁。一旦宝宝出现好的行为，要及时表扬，越小的宝宝越要如此。

2. 表扬的内容应该是宝宝经过努力才能做到的事情。比如，表扬一个6岁的宝宝自己会吃饭，意义甚微，而在学走路的过程中，给予"宝宝会迈步了，真棒"这样的表扬，比较有针对性。

3. 要夸具体，夸细节。不要总笼统地说"宝宝真棒"，要让宝宝知道自己为什么得到了表扬，哪些方面做对了，好在哪里，宝宝才能从中受到启发。

4. 表扬的时候不要许诺一些做不到的事情。否则，久而久之，宝宝就会不信任你，对你的表扬不会很珍惜。

奶爸育儿经

"亲一下"（碰脸）

让宝宝趴在爸爸的身上。爸爸一边微笑一边大声喊："来，亲一下！"在说"亲一下"时，扶着宝宝的头非常轻柔地碰在自己的脸上。注意一定要轻轻的。还可以每次轻轻碰不同的部位。如胳膊肘、膝盖、脸蛋、耳朵或者下巴等，同时还要说出这些部位名字。这个游戏不仅可以加强亲子关系，还可以教给宝宝认识更多的身体部位。

❀ 预防独立行走后的宝宝发生意外伤害

在宝宝学会独立行走后，因为其好奇心强，往往会东走走西看看，捅捅这摸摸那，如果大人看护不周，宝宝很容易发生意外伤害。为了预防和避免宝宝遭到意外伤害，家长应该注意以下几个问题：

1. 尽量不要让宝宝单独一个人活动。尤其是洗衣服、洗澡、做饭、维修电器时。

2. 不要带宝宝到锅炉房、配电室、游泳池等有潜在危险的场所去玩。

3. 妥善安置家用电器的电源插座，插销板应选择安全插销，闲置不用的插销应用绝缘材料封闭，教育宝宝不要去动插销和开关。

4. 妥善保管家庭用药、酒、胶水、清洗剂等，以防止宝宝误食。

5. 妥善放置刀、剪、叉、钉子等五金工具和物品。

❀ 宝宝进餐坏习惯应对措施

坏习惯	应对措施
自己抓饭吃	宝宝现在喜欢自己吃饭，但是又用不好勺子，那么很可能就直接用手去抓了。妈妈没必要去制止，一方面要将宝宝的手洗干净，另一方面要逐渐训练宝宝使用勺子吃饭，等宝宝会用勺子吃饭了，就不会再用手去抓了
不愿意坐下吃饭	最好的解决办法就是给宝宝准备一个专门的小餐椅。如果宝宝还到处跑，那也不要追着喂，不要给宝宝边走边吃的机会
偏食	不能强迫宝宝吃东西，还是要尊重宝宝对食物的选择。如果宝宝不喜欢吃这种食物，就先拿走，下次再换个花样，如果宝宝还是不喜欢吃，那么就用同类营养的食物代替
不会吃固体食物	宝宝吃不好固体食物主要是由于之前没有按部就班地添加辅食，宝宝的咀嚼和吞咽能力没有得到很好的锻炼。从现在开始逐渐给宝宝添加半固体、固体食物，这需要一个循序渐进的过程，家长不要太心急
夜奶断不掉	没有断不掉的夜奶，宝宝现在还在吃夜奶这也和妈妈的喂养方式有关。如果宝宝晚上吃饱了，半夜就不会饿。如果宝宝半夜醒过来，可以先哄哄，不要马上喂奶，逐渐延迟喂奶的时间

家庭医生

纠正宝宝吸吮手指的行为

1. 对已养成吸吮手指习惯的宝宝，应弄清原因。如果属于喂养不当，首先应纠正错误的喂养方法，克服不良的喂哺习惯，使宝宝能规律进食，定时定量，饥饱有节。

2. 要耐心、冷静地纠正宝宝吸吮手指的行为。切忌采用简单粗暴的方法，不要嘲笑、恐吓、打骂、训斥宝宝，否则不仅毫无效果，而且一有机会，宝宝就会更想吸吮手指。

3. 最好的方法是满足宝宝的需求。除了满足宝宝的生理需求，如吃、喝、睡眠外，还要给宝宝一些有趣味的玩具，让他可以更多地玩乐，分散对固有习惯的注意，保持愉快的情绪，使宝宝得到心理上的满足。

4. 从小养成良好的卫生习惯，不要让宝宝以吸吮手指来取乐。要耐心地告诫宝宝，吸吮手指是不卫生的。

如果宝宝已经养成吸吮手指的习惯，妈妈要帮助宝宝戒掉这个坏习惯，养成良好的生活习惯

宝宝智力加油站

兔子和鸟儿

方法 妈妈做示范动作，让宝宝学小兔子跳：两手放在头顶两侧，模仿兔子耳朵，双脚并拢向前跳。向前学小鸟飞：双臂侧平举，上下摆动。

目的 训练宝宝肢体动作的协调性。

 专家指导建议

这样的游戏能让宝宝的身体运动技能得到充分的锻炼，还能让宝宝更快乐，所以要多鼓励宝宝做。

大动作能力

玩积木

方法 妈妈和宝宝一起坐在地板上，准备一些大块的积木，妈妈和宝宝一起玩搭积木的游戏。妈妈可以给宝宝示范怎样将积木搭起来，但是妈妈不要过多干预宝宝。

目的 锻炼宝宝动手能力和创新能力。

专家指导建议

宝宝喜欢将搭起的积木推倒，这不是在淘气，而是在进行新的体验和探索。

精细动作能力

咚咚咚，是谁呀

 方法 宝宝在房间里，妈妈在外面"咚咚咚"地敲门。妈妈说"咚咚咚，我是妈妈，可以进去吗？"宝宝回答或者回应请进，接着角色互换，由宝宝来敲爸爸妈妈的房门试试看。

 目的 通过游戏教会宝宝养成正确的习惯，培养宝宝的社交能力。

🐤 专家指导建议

这样的游戏能让爸爸妈妈教宝宝用礼貌的方式和别人打招呼，表达自己希望交往的意愿。

社交能力

唱儿歌做游戏

 方法 妈妈和宝宝一起坐在地板上，一边唱着儿歌，一边和宝宝做相应的动作。比如唱"你拍一，我拍一"，同时配合拍手的动作，让宝宝和你一起拍手；或者唱"拉大锯，扯大锯"，同时握着宝宝的小手来回拉送。

 目的 锻炼宝宝的语言能力。

专家指导建议

一边唱儿歌，一边做动作，会让宝宝对儿歌更感兴趣，也能增强宝宝对抽象语言的理解力。

语言能力

育儿疑问专家连线

Q 我家宝宝 15 个月了，但是还不会说话，只会偶尔叫爸爸、妈妈，什么都听得懂就是不说，是不是发育迟缓啊？

A 宝宝的语言发育有很大的个体差异，有的 1 岁就会说话，有的到 3 岁才会说连贯的句子。你的宝宝 1 岁多会叫爸爸、妈妈，属于很正常的现象，不必多虑。多给宝宝创造良好的语言环境，多带宝宝接触外面的世界，无论是对语言发育，还是对认知发育都有很多好处。

Q 男宝宝 14 个月了，可以走得很好，但是依然不会爬，该咋办？

A 14 个月的宝宝还不会爬，发育似乎显得落后了，但这并不意味着宝宝发育真的有什么问题。也许宝宝有些胖，或者父母过早让宝宝练习爬，导致宝宝对爬产生了逆反心理。宝宝的运动发育不都是均衡的，可能有暂时落后的现象，可以带宝宝去看医生，如果没有发现问题，就耐心地训练宝宝。

Q 宝宝刚好 15 个月，目前家里沟通以普通话为主，但是也夹杂着方言，会不会影响宝宝的语言表达能力？

A 语言环境对宝宝语言发育至关重要，想要宝宝说什么口音的话，家人就要说什么样的语言，当然主张大人都说普通话为好。但对方言浓重的老年人来说，很难做到，对老人也不能强求。即使宝宝说话有口音，也不要着急纠正，需要尊重宝宝。

Q 宝宝 15 个月，走路有点"内八字"，怎么办？

A 15 个月的宝宝刚学会走路，出现"内八字""外八字"，大多数情况下都是正常的，等到走路越来越稳，都会自己纠正。需要注意的是，如果宝宝走起路来像只鸭子，那就要去医院检查，排除髋关节半脱位，或髋关节畸形等症状。

Q 我儿子 13 个月了，特别爱看电视，而且特别专注的时候还对眼，这样可以吗？

A 宝宝是可以看电视，但是不能长时间看电视。因为看电视时间比较长，会影响宝宝的视觉发育，而且不利于宝宝思维和语言的发育。

Q 我家男宝宝很爱玩新鲜的东西，我一般什么都让他玩，拉抽屉翻柜子爬上爬下的，可老公总觉得不好又担心危险，该咋办？

A 建议家长要尊重宝宝爱玩的天性，如果过分限制宝宝的行为，只会扼杀宝宝求知的热情，会使他失去许多学习的机会。"不行""不可以"这样的话，比任何东西更能毁坏宝宝的素质，很容易形成宝宝意识中的一部分，对宝宝产生长久的抑制作用。如果想禁止宝宝做什么事，最好的办法是把他引向其他的玩具或游戏。

Q 男宝，最近经常便秘，大便干条状。医生让喂助消化药，但是效果并不明显。后来用开塞露、肥皂条，用就管用，不用又拉不下，到底该怎么办？

A 不建议经常使用开塞露或者肥皂条，这样容易让宝宝产生依赖，更不利于缓解便秘。针对便秘的宝宝，我们还是主张首先从饮食入手，多给宝宝吃些富含膳食纤维的食物，不要总是给宝宝吃得太精细，要多喝水。在调整饮食的同时，增加宝宝的运动量，这也有助于促进排便。

Q 宝宝现在 13 个月了，每顿饭都会加点盐和葱姜来调味，我想问一下 1 岁的宝宝可以吃调味料了吗？

A 葱姜不属于调味料，算是添加料，吃一点也没什么关系，主要是把握好量，不能多吃。但是像味精、鸡精，这种调味料还是暂时不加为好。1 岁以前的婴儿也需要钠，每天需要 1 克盐。

1岁4个月~1岁6个月

会拿着杯子喝水喽

此时的宝宝度过了婴儿期，开始进入幼儿期。幼儿不管是从体格和神经发育上，还是从心理和智能发育上，都出现了新的变化。

宝宝成长档案

生理指标	男宝宝	女宝宝
体重（千克）	9~13.7	8.3~12.9
身长（厘米）	75.5~87.4	73.8~86

宝宝发育特点

能说简单的句子

能分辨物体的形状

喜欢玩橡皮泥

能熟练下蹲、向前走、向后走

会用手拧旋转钮

自己玩玩具时，如果玩不好会一直尝试

更喜欢自己玩耍

育儿要点提醒

主食一次一碗最理想

停止授乳后，通过主食来为宝宝提供所需的营养成分，因此，不仅一日三餐要规律，而且量也要有所增加，一次吃一碗（婴儿用碗）是最理想的。

不用饭量衡量宝宝发育

建议爸爸妈妈不要用宝宝饭量大小来衡量宝宝的发育情况，而是要注意监测宝宝的成长情况，只要宝宝的生长发育指标在正常范围之内，就没必要强迫宝宝吃东西，也没必要给他补很多营养素。

药物处理

家里所有药物的药瓶上，都应写清楚药名、有效期、使用量及禁忌证等，以防给宝宝用错药。

晚睡的宝宝应对策略

1. 给宝宝制定固定的作息时间。

2. 增加白天的活动量，同时减少白天的睡眠时间。

3. 养成一种固定的睡前习惯。

4. 纠正宝宝晚睡的习惯需要慢慢来，今天早睡 5 分钟，明天继续早睡 5 分钟，慢慢地宝宝就能习惯早睡了。

宝宝积食的按摩疗法

捏脊

爸爸或妈妈的双手示指放在腰下的尾骨处，双指同时沿着脊柱方向向上捏推至宝宝颈椎下方突起的大椎穴处。督脉较长，可分 3 次至大椎穴处。

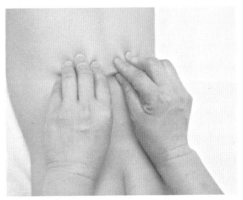

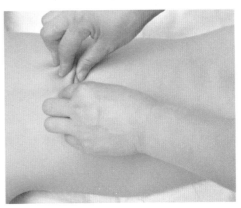

膳食营养补给站

❀ 规律饮食

这阶段的宝宝已经能够一日三餐正常吃了，外加两顿辅食，可以是水果、酸奶、点心等，除此之外还要有一定量的配方奶粉。每天应该有规律地按时按顿按量（或适量）给宝宝吃东西。

这一时期是让宝宝养成规律饮食的重要阶段，因此爸爸妈妈一定不要为了让宝宝安静或者让他有事儿做不打搅你，就给他零食吃，也不要宝宝一哭闹就马上给他吃零食。

如果宝宝一天到晚吃东西，就会逐渐丧失感觉真正饿的能力。他会机械地想吃，无聊了、紧张了、烦躁了都想吃东西。这种习惯不仅容易导致宝宝发胖，还会使他因为不正常吃饭而营养不良。

❀ 主食量因人而异

停止授乳后，通过主食来为宝宝提供所需的营养成分，因此，不仅一日三餐要规律，而且量也要增加，一次吃一碗（婴儿用碗）是最理想的。每次吃的量是因宝宝而异的，但若与平均情况有太大差距，应检查宝宝的饮食是否出现了问题。很多时候，喝过多的牛奶或还没有完全断奶时，食量不会增加。

❀ 宝宝每日食物摄入量建议表

食物名称	1～2岁	2～3岁
蔬菜（绿叶菜占1/2）	100～125克	125～150克
水果	150克	150～200克
豆制品（豆腐、豆腐干）	25克	25～50克
鱼、肉、猪肝类	50～75克	75～100克
蛋	50克	50克
豆浆或牛奶	250～500克	250克
粮食	100～125克	125～150克
油	10～15克	10～15克
糖	10～15克	10～15克

正确判断宝宝的营养情况

宝宝能吃的食物多了，饮食差异更明显了，饮食问题也就更突出了。如果宝宝不好好吃饭，挑食偏食，再加上宝宝身体有点小异常，妈妈就马上认为宝宝缺营养了，然后就想方设法地给宝宝补营养，钙、铁、锌一通乱补。其实完全没有必要这么紧张，绝大部分饮食问题都不是疾病，不会造成什么不良影响。

建议爸爸妈妈不要用宝宝饭量大小来衡量宝宝的发育情况，而是要注意监测宝宝的成长情况，只要宝宝的生长发育指标在正常范围之内，就没必要强迫宝宝吃东西，也没必要给他补很多营养素。

宝宝的辅食应粗细搭配

妈妈们在给宝宝添加辅食时，选用最多的是精白米、精白面等口感很好的食物。其实从营养上来说，粗粮的营养价值比精白米、面高。我们平时说的粗粮包括玉米、小米、紫米、黑米、燕麦、荞麦、高粱米、大麦、红薯、山药、土豆以及各种豆类等。

细粮含有较多的氨基酸，相比粗粮更容易被身体消化和吸收，且口感好；粗粮中B族维生素的含量较高，并含有大量的膳食纤维，但口感有些粗糙。粗细粮搭配，不但可以淡化粗粮粗糙的口感，而且能使粗、细粮中的营养成分形成互补，更有助于宝宝对营养素的摄取。

让宝宝自己吃饭

1岁半的宝宝已经有了自我意识，爸爸妈妈应该给宝宝学习独立进食的机会，不要总是担心宝宝吃不好，或者嫌宝宝食物掉满地。应该鼓励宝宝尝试，提高宝宝吃饭的兴趣和自信。从只能吃几口，到慢慢重复多次，宝宝自己会摸索到独立吃饭的方法。从长远角度来说，这也是在为爸爸妈妈以后减轻负担。

宝宝不愿吃米饭应对策略

要均衡摄取五大营养素，不一定非要喂米饭。愿意吃面的宝宝，可以多做些加蔬菜和肉的面食，宝宝吃面食时很多时候不咀嚼，直接吞食会影响消化功能，但加点蔬菜就可以防止直接吞食的坏习惯。如果宝宝喜欢吃面包，也可以喂些三明治和土豆汤。先给宝宝喂点他喜欢的食物，这样能提高他对食物的期待感，食欲也会有所提高。

育儿直通车

妈妈要尊重宝宝对食物的选择，尊重他的胃容量，既不要强迫宝宝进食，也不要无限制地让他进食。

❀ 宝宝不爱吃肉应对策略

如果宝宝不爱吃肉，可能是因为肉比别的食物更坚韧，不太好咀嚼，因此肉食一定要做得软、烂、鲜、香。

1. 可以采用熘肉片和氽肉片的方法，使肉质鲜嫩，不会塞牙。

2. 肉糜蒸蛋羹、荤素肉丸、红烧肉烧好后，再加水蒸1个小时，可使瘦肉变得松软。

3. 不要太油腻，肉汤要撇去浮沫。

4. 用葱、姜、料酒去腥。

5. 不妨加一些爆香的新鲜大蒜粒，不仅可以使菜肴生香，还能促进食欲。

6. 洋葱煸软烂后再与排骨或牛肉一起做菜，也有促进食欲的效果。

❀ 注意铜元素的摄入

铜缺乏时的表现	铜食物来源
1. 宝宝贫血、面色苍白、发育停滞、智力低下、水肿，严重时会引起视力减退，反应迟钝，动作缓慢，部分宝宝会出现食欲不振、腹泻、肝脾肿大等	1. 口蘑、海米、榛子、葵花子、芝麻酱、核桃、肝等
2. 引起宝宝骨质改变，发生骨质疏松，影响宝宝骨骼生长发育，甚至出现自发性骨折和佝偻病	2. 蟹肉、豆类、小茴香、黑芝麻、花生、紫菜、莲子、燕麦片等
3. 容易引起惊厥	

育儿直通车 ❀

不爱吃肉的宝宝为了保证蛋白质的摄入量，要多吃奶类、豆类及其制品、鸡蛋、面包、米饭、蔬菜等食物来补充蛋白质。如果每天平均喝两杯奶、吃3~4片面包、1个鸡蛋和3匙蔬菜，折合起来的蛋白质总量就有30~32克，再吃些豆制品，就可以基本满足宝宝对蛋白质的需求了，所以妈妈也不必过于担心。

宝宝饭量小应对策略

不要勉强宝宝吃太多，一开始就直接给宝宝盛适当的量，然后让宝宝尽量吃完，这样的习惯才会最先吃光碗里的饭，让宝宝有成就感，这有助于诱导宝宝提高吃饭的积极性；也可以让宝宝多活动，通过消耗体力来增加宝宝的食欲。

宝宝积食的饮食调养方法

宝宝积食原因

宝宝的消化器官发育还不完善，消化功能还比较差。如果父母不能正确地喂养，宝宝饮食没有规律，而且没有节制，就有可能损伤脾胃，如果出现肚子胀、厌食、大便稀且有酸臭味等症状，宝宝可能就是积食了。

饮食调养方法

宝宝一旦出现积食症状，可以吃些易消化的粥、蛋花汤、面条等。同时不要再给宝宝吃高热量、不易消化的脂肪类食物，以免加重积食。如果宝宝不想吃东西，就不要强迫宝宝吃，给脾胃一个休整的机会。

宝宝出现积食的时候，可以吃些容易消化的粥，既可以补充热量，还能保护肠胃

宝宝营养食谱

蔬菜饼

明目，补充维生素

材料 白菜、胡萝卜各30克，豌豆20
克，面粉50克，鸡蛋1个。

做法

1. 将面粉、鸡蛋和适量水和匀成面糊。
2. 白菜、胡萝卜洗净，切细丝，与豌豆

一起放入沸水中焯烫一下，捞出，沥
干，和入面糊中。

3. 将面糊分数次放入煎锅中，煎成两面
金黄色的饼即可。

果酱松饼

养心健脾，增强记忆力

材料 低筋面粉50克，配方奶粉25克，鸡蛋1个。

调料 白糖5克，果酱5克，色拉油适量。

做法

1. 低筋面粉和配方奶粉一起过筛子，加入鸡蛋、白糖和适量的水，和成面糊。

2. 将色拉油倒入平底锅中烧热，分次倒入面糊，煎成金黄色，蘸果酱食用即可。

科学护理指南

❀ 开始大小便的训练

宝宝到1岁半左右，已经能够表达大小便的意思，这时，就可以开始培养宝宝大小便的习惯了。留心观察宝宝大小便的时间和当时的样子，以便在发现宝宝有想大小便的迹象时予以帮助。

便后立即换上干净的尿布，能使宝宝产生清爽的感觉。在相同的时间和场所，由相同的人帮助宝宝大小便，也是培养宝宝良好的大小便习惯的方法之一。大小便时，如果给宝宝过分的压力，容易使宝宝产生压迫感，造成多尿或夜尿等现象。因此，要让宝宝在大小便时保持心情放松。

❀ 帮助宝宝学会如厕的方法

1.为宝宝选择一个合适的坐便器。安全舒适最重要，款式不要太复杂。

2.细心观察宝宝排便的信号。如看到宝宝突然涨红脸不动时，可以问宝宝是不是要小便，然后立刻带宝宝进入厕所，让其坐在坐便器上。

妈妈训练宝宝如厕的时候，要注意方式方法，让宝宝养成良好的如厕习惯

3.帮宝宝养成良好的坐便习惯。大小便时，不要让宝宝玩玩具、吃东西。要特别注意避免宝宝长时间坐在坐便器上，以免造成习惯性便秘。

4.平时，父母要教宝宝用语言表达自己想大小便的意思。

5.及时表扬宝宝，让宝宝为自己能控制大小便而感到自豪。应就事实本身肯定宝宝的努力，不要过于夸张。

6.宝宝没能控制住大小便，尿湿或弄脏衣服时，父母的态度要温和，要告诉宝宝"下次排便前要告诉妈妈"。

教宝宝用勺子和杯子

这个时期的宝宝自己吃饭的欲望很强，拿起勺子往嘴里放食物的动作也更加熟练了。妈妈不妨鼓励宝宝多练习使用餐具。

用勺子

宝宝到了一定年龄，会喜欢抢勺子，这时候，聪明的妈妈会先给宝宝戴上大围兜，在宝宝坐的椅子下面铺上塑料布，把盛有食物的勺子交到宝宝手上，让他握住勺子，妈妈握住宝宝的手把食物喂到他嘴里。慢慢地，妈妈可以自己拿一把勺子给他演示盛起食物喂到嘴里的过程。在宝宝自己吃的同时也要给他喂一些。别忘了用较重的不易掀翻的盘子或者底部带吸盘的碗。这个过程中需要妈妈做好心理准备，因为宝宝可能会吃得一片狼藉。

用杯子

最开始的时候，妈妈可以手持杯子，并让宝宝试着用手扶住，再逐渐放手。接着让宝宝在爸爸妈妈的协助下用杯子喝水。宝宝所使用的杯子应该从鸭嘴式过渡到吸管式再到饮水训练式。最好选择厚实、不易碎的吸管杯或双把手水杯，妈妈先跟宝宝一起抓住把手，喂宝宝喝水，直到宝宝学会，能随时自己喝水为止。

宝宝用勺子吃饭的时候，妈妈要注意食物的温度，避免宝宝烫伤自己

宝宝不好好睡觉应对策略

虽然宝宝已经1岁多了，但是睡眠问题依然困扰着爸爸妈妈。不肯安安静静入睡，总是习惯晚睡，晚上睡觉爱打滚，半夜还总容易醒，非要黏着妈妈不肯自己在小床上睡等。睡眠问题很大程度上是因为宝宝在婴儿期就没养成好的习惯，所以才会延续到幼儿期。

晚睡的宝宝应对策略

1.给宝宝制定固定的作息时间，比如晚上9点半必须入睡，那就固定要求宝宝9点半之前就要收拾好上床。同时给宝宝营造一个好的睡眠环境，把灯光调暗，给宝宝讲个温馨的睡前故事等。

2.增加白天的活动量，同时减少白天的睡眠时间，这样到了晚上宝宝自己就困了。

3.养成一套固定的睡前习惯，比如睡前先喝奶，然后洗脸、洗脚，再换纸尿裤、换睡衣，关灯、上床、讲故事、睡觉。每天都是这套程序，等宝宝习惯了，只要一喝奶，他就知道要睡觉了，自己就会乖乖配合。

4.爸爸妈妈要以身作则，不要一边要求宝宝早睡，一边自己还在兴致勃勃地看电视。就算你不打算早睡觉，但是在哄宝宝睡觉时也要陪在宝宝身边。很多习惯晚睡的宝宝，他的父母肯定也是喜欢熬夜的人。

5.如果宝宝实在不肯入睡，那么也不能强迫宝宝。纠正宝宝晚睡的习惯需要慢慢来，今天早睡5分钟，明天继续早睡5分钟，慢慢地宝宝就能习惯早睡了。

睡觉爱打滚的宝宝的应对策略

1.宝宝晚上睡觉爱打滚很正常，不需要过多干涉，只要宝宝睡得香甜就行。如果因为宝宝打滚影响爸爸妈妈的睡眠，可以将宝宝放到小床上。

2.如果宝宝不喜欢一个人睡小床，或者你刚把他放到小床上他就醒，那建议不要非要求宝宝独睡。爸爸妈妈多陪宝宝睡一段时间也不是坏事儿。

半夜总醒的宝宝的应对策略

1.宝宝半夜醒来有很多原因，可能是饿了、尿了、热了、冷了、不舒服了，也有可能是做噩梦了，或者是想要得到妈妈的安慰。你首先要知道宝宝醒来的原因，然后再"对症下药"。一般只要哄一哄，宝宝就又睡着了。

2.妈妈要区分宝宝是真的醒了，还是处于浅睡眠的状态。如果只是睁开眼睛看看，或者只是哼哼两声，即使你不哄他，他也会很快再次入睡。所以宝宝半夜醒来，妈妈不要马上拍着哄，免得宝宝越拍越哄越精神。

宝宝不宜穿松紧带裤

宝宝正处于快速生长发育的阶段，其腰段还未发育完善，松紧带裤随着宝宝的跑跳、下蹲等活动容易滑脱下来，不仅影响宝宝的运动，而且还容易使宝宝着凉生病。如果加大松紧带的力量，松紧带就会紧紧勒在宝宝的胸腹部，对宝宝胸廓的运动和发育产生不利的影响。所以宝宝不宜穿松紧带裤，而最好穿背带式裤或背心式连衣裤。

潮妈育儿新招

喝水杯
——防漏水，保温杯

带宝宝外出游玩，怎样能随时喝到温水呢？带上保温杯！保温杯不仅能防止漏水，还能保持6小时水温不低于42℃、约24小时保温的效果。所以，对于外出游玩的宝宝，保温杯是不错的选择。

奶爸育儿经

带宝宝认识动物

给宝宝买几本动物画册，每天都教宝宝认识一种动物。如果宝宝把画册上的动物认全了，就可以带宝宝去逛逛动物园，让宝宝见见真实的动物。先指宝宝认识的动物，如猴子、熊猫、大象等，然后再认几种书上未见过的，如斑马、鹰、鸵鸟等。还要告诉宝宝这些动物爱吃什么、有什么特点等。

家庭医生

◎ 意外受伤

1岁多的宝宝最容易发生意外，一方面宝宝现在的好奇心、探索心极强，什么都想去尝试，另一方面宝宝还没有产生危险意识，不能够及时避免危险。避免意外没有更好的办法，只能要求家长加强防范，保护好宝宝。

宝宝常见的意外情况

意外种类	发生地方
摔伤、砸伤、磕伤、夹伤、划伤	床上、沙发上、窗台上、楼梯上、玩具车上掉下来；地板有水打滑摔伤；撞倒柜子砸伤；撞到桌角磕伤；开关抽屉、开关门把手夹伤；玩刀子、剪子，宝宝可能会受伤
烫伤、烧伤	玩热水壶、煮饭锅、热水器、热熨斗、打火机；或者把桌布拽下来，将饭桌上刚做好的热饭、热菜拽掉等都有可能造成宝宝烫伤、烧伤
电、煤气	不小心摸了没有安全盖的电插座口，或者把电线拽掉，或者把煤气开关打开，这都是非常危险的事情
误吞、误食	玩具的小零件、扣子等小物件有可能被宝宝吃到嘴里；糖块、花生、瓜子、果冻等食物可能把宝宝呛到或者噎着，宝宝还可能将这些小东西塞到鼻孔或者耳朵里。另外各种药片、洗衣液、洗手液、消毒液，甚至一些有毒的东西，如果被宝宝误食，后果不堪设想
来自宠物、花草的危险	有宠物的家庭，要更加警惕，一方面避免宝宝被咬，另一方面也要尽量远离宠物，免得感染寄生虫等疾病。如果家里养花草，则要注意是否有毒、有刺，免得伤害宝宝
溺水事故	不要让宝宝独自接近家里装满水的盆、桶、浴缸、鱼缸等，带宝宝到户外玩耍，要远离河、井等地方
交通事故	如果用自行车带宝宝，要安装结实的安全座椅、系牢安全带，还要避免宝宝的脚伸到车轱辘里；如果是坐汽车，要坐在汽车的后排，并且要准备儿童安全座椅。如果是坐公交车，要扶好、坐好
其他事故	游乐场的游乐设施也并不完全安全，要注意遵守各种安全措施；下雨天要带好雨具，打雷的时候不要在树下玩耍等

误食药物

家里所有药物的药瓶上，都应写清楚药名、有效期、使用量及禁忌证等，以防给宝宝用错药。为了防止宝宝将糖衣药丸当糖豆吃，药物最好放在柜子里或宝宝够不着的地方收好，有毒药物的外包装还须再加固，使宝宝即使拿到也打不开。如果宝宝不小心把药丸当成糖果误食，这时要赶紧用手指刺激其咽喉，把吃下去的药吐出来或送医院及时治疗。

如果宝宝误食了有刺激性或腐蚀性的东西，应先喝水，但要避免喝得太多引起呕吐，反倒会灼伤食管，然后赶快就医。

误食干燥剂

现在，很多食品包装袋中都有干燥剂。宝宝不知道这是什么，常常以为是好吃的东西，拿出来就放在嘴里大嚼特嚼，这时候，妈妈可千万要注意了。

目前，市面上的食品干燥剂大致有两种。

1. 一种是透明的硅胶，没有毒性，误食后也无须做任何处理。

2. 一种是三氧化二铁，红色的，具有轻微的刺激性，如果误食的量不是很大，给宝宝多喝水稀释就可以了。如果宝宝误食得比较多，甚至出现了恶心、呕吐、腹痛、腹泻的症状，可能就是铁中毒了，这时要及时送医院就医。

消化不良的应对措施

饮食护理

1. 如果宝宝是因为过量饮食而引起腹泻，那么就不要再喂宝宝过多的食物，恢复到平时的食量即可。

2. 如果给宝宝喂了他从未吃过的食物，如胡萝卜、西红柿等，第二天发现大便里混有胡萝卜或西红柿，且水分较多，说明腹泻是由胡萝卜、西红柿引起的，就要暂时停喂，可在恢复正常一段时间后再尝试着喂，并且量要减少一半。

3. 有些宝宝是因为饮食不足而引起的腹泻，妈妈们往往误以为是饮食过量导致大便变稀，进行药物治疗，同时把宝宝一直吃的米粥、面包粥等代乳食物全部停喂，可是稀便还是不成形，这时，只要再重新恢复喂代乳食物就能够改善。

按摩护理

当宝宝胃胀或噎着的时候，可以尝试以下操作：

1. 将拇指按在肚脐两侧2厘米的部位，像画圆似的按摩，反复20次。

2. 用手掌按顺时针方向在肚脐周围画大圆似的按摩50次。

3. 轻轻地按摩宝宝的腹部后，抓起宝宝的两条腿弯膝贴在胸部。

4. 用手指尖像按钢琴键似的从宝宝的左腹到右腹逐渐按摩，反复20次，有助于宝宝排出腹内胀气。

宝宝智力加油站

宝宝接球

方法 准备一个软皮、弹力适中的皮球，在宽敞的房间或室外空地上，爸爸妈妈将球往地面上投掷，待球弹起来时让宝宝用双手去接。也可由宝宝自己把球投掷下去，爸爸妈妈来接球。

目的 提高宝宝的行走能力和速度。

专家指导建议

爸爸妈妈第一次扔球时，最好弹在宝宝的肩膀和膝盖之间，发球的速度不要太快，以免打疼宝宝。

大动作能力

传声筒

方法 准备一个传声筒，宝宝和妈妈各拿传声筒的一端，站在房间的两端。妈妈先做示范，将传声筒靠近嘴边说话，可以跟宝宝说："宝宝，听到妈妈说话了吗？"如果宝宝听到传声筒里妈妈的声音，他会很兴奋地对传声筒叫喊。

目的 促进宝宝听觉能力发育。

专家指导建议

妈妈也可以躲到宝宝看不到的地方，如沙发后面，通过传声筒和宝宝说话，这样更能激发宝宝对传声筒的兴趣。

听觉能力

水中乐园

 方法 在家中准备好盆和浴缸等，还要准备一些漂浮玩具，如小鸭、小船等，还有装水的容器，如小碗、小漏斗等。和宝宝一起玩游戏，引导宝宝认识各种玩具的名称和特性。

目的 提高宝宝的创造力和思考力。

 专家指导建议

让宝宝发挥自己的想象力去玩水。

认知能力

宝宝能力测评

1. 能把认识的水果或动物的图片进行配对。		是□	否□
2. 能指出身体 5 个部位。		是□	否□
3. 会拿两个东西。		是□	否□
4. 可以搭简单的形状，如火车、高桥等。		是□	否□
5. 听到自己的名字，会回头反应。		是□	否□
6. 可以说出 4 种物体的名字。		是□	否□
7. 从胡同口可以找到自己家门口。		是□	否□
8. 会将小物体放入小瓶并从小瓶中取出。		是□	否□
9. 会自己翻书看。		是□	否□
10. 开始对黑暗和动物产生恐惧感。		是□	否□

评分结果

答是加 1 分，答否得 0 分。
9~10 分，优秀；7~8 分，良好；5~6 分，
一般；5 分以下，宝宝需要加强训练。

育儿疑问专家连线

Q **1岁4个月的宝宝，喜欢嚼东西，他爸爸给了他一粒花生米，嚼了半天也没见吐，这么大的宝宝能吃花生吗？**

A 1岁零4个月的宝宝的咀嚼能力还不够，不应该给宝宝吃花生等坚果，不仅不易嚼烂，也不利于消化吸收。但宝宝爱咀嚼食物也是锻炼咀嚼能力的过程，并不是坏事。提醒一下，宝宝咀嚼干果时，不要呵斥宝宝，要避免宝宝情绪波动，以免呛入气管。

Q **宝宝1岁5个月了，现在走得很好，但是却一直不会爬。前一段时间听人说不会爬对宝宝很不好，是这样吗？**

A 按正常来说，宝宝都是先学会爬行，然后再学会走。爬行能够锻炼宝宝的肌肉，促进宝宝大脑发育，提高全身的协调性，对中枢神经有很好的刺激作用。宝宝不会爬并不能证明宝宝协调性差，不过宝宝协调性差就会影响爬行。所以你要看宝宝其他的动作能力发展得怎么样，如果其他全都没问题，只是不会爬，那就不用过分担心。可能是当初没有给宝宝创造爬行的机会，也没有对宝宝进行爬行训练的原因。

Q **宝宝都1岁半了，只长出了4颗牙，是不是缺钙啊？**

A 经常有家长将自己宝宝出牙晚归结到是缺钙引起的，实际上宝宝很少有缺钙的现象。大多数宝宝婴儿期都服用过维生素D，再加上现在宝宝在户外活动的时间延长了，通过紫外线照射，皮肤自身就能合成维生素D，所以宝宝也不太可能缺乏维生素D。

出牙晚并不意味着不正常，每个宝宝都有自己的出牙规律，而且牙胚本来就已经存在，只是还没有长到牙龈外面，家长没必要为宝宝出牙晚而焦虑。另外，给宝宝添加半固体、固体食物比较晚也会影响出牙，固体食物可以帮助刺激牙龈，促进牙齿生长，所以按部就班地添加固体食物很重要。

Q 宝宝 17 个月了，现在脾气变得很差，动不动就发脾气，怎么哄都哄不好，真是太令人头疼了，我该怎么办？

A 宝宝的自我意识越来越强，但是宝宝的语言表达能力还相对较弱，很多时候宝宝不知道如何表达自己的意愿，或者父母根本不了解他的意愿，他就会用发脾气的方式发泄。如果你不知道宝宝为什么发脾气，最好的办法就是保持冷静、用平和的心态等宝宝坏脾气过去，再问宝宝发脾气的原因。用宝宝能听懂的话劝导宝宝，并且明确告诉他发脾气是错误的。

Q 1 岁半的宝宝抵抗力差，经常感冒，有人介绍说打免疫球蛋白可以增强免疫力，这么小可以打吗？

A 造成感冒的原因很多，可能是穿着过多导致出汗后着凉；可能由过敏引起；可能与病毒感染等多种因素有关。反复感冒并不能说明抵抗力低下，只有反复细菌感染，才需考虑，并需血液检查证实，没有确诊之前不要接受注射免疫球蛋白。

Q 宝宝经常提出一些无理要求，我是不是应该制止他？

A 不知道你所谓的"无理要求"指的是哪些，但是建议家长不要从大人的角度看待宝宝的要求。不要轻易判断这个要求是否无理，也不要简单粗暴地拒绝宝宝的要求。对于宝宝提出的要求，只要没有危险，不会对宝宝产生不利影响，同时也不会给大人造成什么损失，那就可以答应。如果确实是有危险的，就需要明确告诉宝宝不可以。

Q 什么时候开始给宝宝刷牙合适呢？

A 出牙后就应开始刷牙。1 岁半之前，要鼓励宝宝每次吃东西之后喝几口白开水，也可使用指套式牙刷帮宝宝刷牙。1 岁半后，家长刷牙时，可给宝宝一个小牙刷，和妈妈一起学刷牙。

上下楼梯自如啦

1岁7个月~1岁9个月

宝宝走路更加娴熟了，双脚靠得更近，步态也更加稳了。宝宝的协调性比较好了，能玩一些较为复杂的游戏，但宝宝还不知道什么活动是危险的，所以爸爸妈妈要特别注意宝宝活动时的安全问题。

宝宝成长档案

生理指标	男宝宝	女宝宝
体重（千克）	9.4~14.4	8.8~13.5
身长（厘米）	77.9~90.6	76.6~89.2

宝宝发育特点

喜欢拼图游戏

会使用句子向妈妈问话

能分出大小、找出事物的不同

注意力时间延长

能模仿很多声音

能够分辨声音的来源

会跑着跑着突然停下来，能双脚跳

会自己端着杯子喝水

喜欢和妈妈之外的人亲近，不再黏妈妈

育儿要点提醒

宝宝含饭要改正

父母可有针对性地训练宝宝，让宝宝与其他宝宝同时进餐，模仿其他宝宝的咀嚼动作，这样随着年龄的增长，宝宝含饭的习惯就会慢慢地改正过来。

不要拿零食作为奖励品

宝宝的胃容量比较小，一次进食量又有限，饿得也是比较快的。适当吃零食可以补充一些营养和热量。另外，零食还能调剂食物的口味，没有必要完全禁止零食。

但不要滥用零食来哄劝宝宝。当宝宝发脾气时，不要利用零食来转移他的注意力，这样会使宝宝觉得零食是奖励品，是非常好的东西，无意间就强化了宝宝吃零食的习惯，并学会用零食来讨价还价。

远离小动物

宝宝与小动物玩耍存在很多危险，发生最多的是宝宝被猫狗等小动物咬伤、抓伤，不能排除感染狂犬病的可能。

宝宝不高兴时，
千万不能把零食作为
哄娃神器

膳食营养补给站

❀ 咀嚼能力增强了

宝宝的咀嚼能力有了明显的进步。他现在可以用上下切牙把食物咬下来。没有长出磨牙的宝宝，还会用上下切牙将比较硬的食物咬碎，再慢慢咀嚼。

妈妈不用担心宝宝会把牙咬坏，宝宝对自己牙的坚硬程度还是心中有数的。咀嚼能力的提高意味着宝宝能吃更多的食物了，宝宝的食谱也可以更加丰富了。

❀ 宝宝吃饭时总是含饭的应对方法

有的宝宝喜欢把饭菜含在口中，不嚼也不吞咽，这种行为俗称"含饭"。含饭的现象易发生在婴儿期，多数见于女宝宝，以父母喂饭者较为多见。

原因

原因在于父母没有让宝宝从小养成良好的饮食习惯，没有在正确的时间添加辅食，宝宝的咀嚼功能没有得到充分锻炼。这样的宝宝常由于吃饭过慢或过少，无法摄入足够的营养素，而导致出现营养不良的情况，甚至出现某种营养素缺乏而致使其生长发育迟缓。

应对方法

父母可有针对性地训练宝宝，让其与其他宝宝同时进餐，模仿其他宝宝的咀嚼动作，这样随着年龄的增长，宝宝含饭的不良习惯就会慢慢地改掉。

❀ 按时吃饭，少吃零食

每天一日三餐要形成规律，让宝宝按时吃饭。每天不仅吃肉、蛋、奶、豆制品，还要吃五谷杂粮、蔬菜水果。每天所吃的食物种类应该在 10 种以上，而且要注意荤素、粗细、干稀的搭配。每天早晚可以喝两次奶，总奶量在 250~500 毫升。如果宝宝不喜欢喝配方奶粉，也可以给宝宝喝点酸奶。

宝宝饮食要多样化，
这样才能保证营养均衡

宝宝吃零食的原则

1. 饭前 1 小时不能吃零食，不能因为吃零食而影响正餐的食量。

2. 少吃，最好不吃高热量、高糖、高脂肪的零食，可吃低盐、低糖、低脂肪的零食。

3. 将容易出现危险的零食收起来，比如瓜子、花生、豆子等食物，在爸爸妈妈离开时一定要收起来，免得宝宝不小心将这些食物塞到鼻孔或耳朵里。

4. 不吃含人工色素、香精、甜味剂、防腐剂的零食。

5. 买零食前注意看生产日期，少吃保质期长的零食，不吃马上就要变质的零食。如果购买回来的零食发现有涨袋或者包装破损，就不要再给宝宝吃了。

6. 最健康的零食是水果和酸奶，蛋糕等点心也要少吃，毕竟含糖量都很高，有些还含有反式脂肪酸，对宝宝健康无益。

增强宝宝免疫功能的最优食材

食 材	营养素	功 效
菌菇类	银耳含有 17 种氨基酸以及钙、维生素等；香菇、蘑菇富含多糖类化合物	有明显增强宝宝免疫功能的作用，还可以改善心血管功能
五谷类	含有蛋白质、钙、磷、铁、B 族维生素等	有提高免疫功能的作用，可以辅助宝宝防治感冒
黄绿色蔬菜	富含维生素、矿物质、膳食纤维，还含有抗氧化物	可以维护肠道健康，保证宝宝良好的营养吸收能力，增强抵抗力
大豆及其制品	含有丰富的蛋白质、铁、胡萝卜素、维生素、锌、硒等	适合于易感冒、营养欠佳的宝宝食用
乳制品	富含蛋白质、钙、益生菌	促进宝宝身体生长及大脑发育

"一日一个苹果，医生远离我。"可见苹果增强身体免疫力的作用不可小觑，特别是绿色苹果增强免疫功能的作用更大

宝宝营养食谱

枣花卷

补血

材料 面粉 150 克,红枣 100 克。

调料 发酵粉、食用碱各 10 克。

做法

1. 面粉、发酵粉、食用碱加水和成面团,面团发酵好后要揉透,然后搓成长条,揪成剂子,擀成长饼,并刷一层油。

2. 在面饼两头各放一颗枣,卷起,入锅蒸熟即可。

牛肉蔬菜粥

强身健体

材料 牛肉30克，米饭50克，土豆、
胡萝卜、韭菜各15克。

调料 盐少许，高汤适量。

做法

1. 将牛肉、韭菜分别洗净，切碎；胡萝
卜、土豆分别去皮，洗净，切成小丁。

2. 锅中放高汤煮沸，加入牛肉碎、胡萝
卜丁和土豆丁炖10分钟，加入米饭
拌匀再煮约10分钟至沸，加韭菜碎，
再加盐调味即可。

科学护理指南

❀ 宝宝"吃"被子应对策略

宝宝的精力很旺盛，晚上上床睡觉时，很难马上从兴奋状态过渡到睡眠状态，再加上宝宝的自我抑制能力又差，上床后如果没有大人在身边，很容易通过"吃"被子或其他一些奇怪的嗜好使自己入睡。妈妈可以通过采取下面的措施应对：

1. 告诉宝宝，被子不卫生，"吃"被子会肚子痛。也可以给宝宝一个干净的毛绒玩具，让他抱着入睡，以代替"吃"被子的不良习惯。在这一点上，妈妈一定要有耐心，因为宝宝的理解能力和自制能力毕竟不如成人，他可能不会马上放弃固有的习惯，还需要做更多的努力。

2. 在临睡前转移宝宝的注意力，每天睡觉前给宝宝讲一些故事，或为宝宝播放一些轻柔优美的音乐，创造一个良好的睡眠环境。另外，在睡觉前给宝宝喝些配方奶粉，也有助于帮助宝宝入眠，从而使他逐渐忘掉"吃"被子的不良习惯。

3. 适当减少宝宝白天的睡觉时间，同时增加一些室外活动，增加宝宝的活动量，宝宝感到有些累的时候，更容易入睡。

4. 不要让宝宝在睡觉前过于兴奋。尤其是爸爸妈妈白天都在外面工作，只有晚上回来陪宝宝玩，如果玩的时间过长，或者玩一些刺激性的游戏，很容易造成宝宝过于兴奋，不容易入睡，也就更加依赖"吃"被子这个嗜好了。

5. 不要过分强调宝宝"吃"被子的习惯，不要总是拿这个问题抱怨，更不要在宝宝睡觉前特意叮嘱宝宝不要"吃"被子，这样做反而会提醒宝宝想起"吃"被子的事儿。最好是在宝宝"吃"被子的时候，很自然地将被子拿开，并且迅速转移宝宝的注意力。

看，小女孩养成良好的睡眠习惯后，睡得多香呀

宝宝非饮食性便秘的应对措施

有的宝宝从婴儿期就有便秘的情况，一直到现在还是经常便秘。这类宝宝大多数是因为吃蔬菜、粗粮比较少才便秘。只要注意给宝宝添加蔬菜（如果宝宝不喜欢吃蔬菜，可以将蔬菜剁碎做成饺子）和粗粮（红薯和土豆都不错）就能改变宝宝的便秘情况。但是有些宝宝的便秘却不能通过饮食而缓解。妈妈可以采取以下的应对措施：

1. 首先带宝宝去医院做个检查，排除肠道疾病。

2. 一定要培养宝宝定时排便的习惯，在固定的时间让宝宝坐便盆。

3. 排便前给宝宝做做腹部按摩，用手掌在肚脐周围按顺时针方向按摩 3 分钟左右。

4. 依然要进行饮食调理。继续寻找能够缓解宝宝便秘的食物。如果单纯某一种促进排便的食物没有用，可以考虑将几种食物混在一起给宝宝吃。比如将芹菜、胡萝卜、花生碎、蜂蜜、香油拌在一起吃。这些食物每种都具有促进排便的功能，混合在一起更有利于缓解便秘。

5. 用热水的蒸汽熏一下宝宝的肛门，用手指轻轻按摩宝宝的肛门，都有促进排便的作用。

6. 还可以带宝宝去看中医，中医一些缓解便秘的方法还是很有效的。

7. 如果宝宝超过 72 小时都没有排便，就不能再等宝宝自行排便了。如果饮食调节和按摩这些方法都无效，那就要借助肥皂条或者开塞露帮助宝宝排便了。如果用肥皂条和开塞露还不管用，就必须带宝宝去医院做进一步检查。

宝宝便秘时，大便比较干硬，很容易将肛门撑破出血，会很疼。如果每次大便都这样，就会让宝宝形成"大便＝疼痛"的概念。如果是这样，宝宝即使有便意也不敢大便了，便秘也就越来越严重。

育儿直通车

不要随意给宝宝吃辅助排便的药物，这种药物虽然暂时会有用，但是它会影响宝宝正常的肠道功能，使宝宝对药物产生依赖。

上述食材一起食用缓解便秘效果好

❀ 宝宝 1 岁半后不宜总穿开裆裤

这是因为宝宝到 1 岁半以后喜欢在地上乱爬，若穿开裆裤，使外生殖器裸露在外，特别是小女孩尿道短，容易感染，严重者可发展为肾盂肾炎。

小男孩穿开裆裤，会在无意中玩弄生殖器，日后有可能养成手淫的不良习惯。在冬季，因臀部露在外边，易受寒冷而引起感冒、腹泻等。而穿开裆裤的宝宝很容易就地大小便，一旦养成习惯，到 4~5 岁就难以纠正了。

因此，从宝宝 1 岁左右起，就不要再穿开裆裤，并让宝宝逐渐养成坐便盆和定时大小便的习惯。

宝宝开始走路后，会经常摔倒，如果宝宝经常穿开裆裤，很容易导致生殖器感染，所以，妈妈在宝宝 1 岁左右就不要再给宝宝穿开裆裤喽

奶爸育儿经

来抓我吧

宝宝现在很喜欢和爸爸一起玩互相追逐的游戏。有时间的话，你不妨和宝宝玩一个"来抓我吧"的游戏。你可以先和宝宝说："爸爸来抓你了！"然后慢慢地伸出手，轻轻抱住他的腰。然后，你可以先离他远一点，说："又来抓你了！"之后用夸张的慢动作靠近他，然后再次"抓"住他。你要一次比一次站得略远一点，把整个过程重复一遍。玩到一定时候，宝宝就会开始跑开了，这时候，就可以开始真正的追逐了。当你最终抓住他时，说："我抓到你了！"扑过去抱住他、亲亲他。如果他还想玩，那就继续陪他玩一遍。

别让宝宝接触小动物

很多宝宝都喜欢猫、狗等小动物，随着活动能力的增强，有些宝宝会喜欢与小动物一起玩耍。宝宝与小动物玩耍存在很多危险，发生最多的是宝宝被猫狗等小动物咬伤、抓伤，不能排除感染狂犬病的可能。

另外，猫、狗等小动物身上有许多病菌，如沙门菌、钩虫、蛲虫等，宝宝常与之接触，很可能会感染上这些病菌。猫、狗等小动物的毛或皮脂腺散发的脂分子，也可引起宝宝过敏或气喘等疾病。因此，要尽量减少宝宝与猫、狗等小动物的接触。

潮妈
育儿新招

宝宝感温匙
——食物温度超过43℃会变色

高品质PP材料制造，高温下也不会释放有毒物质。专为宝宝设计，具备感温功能，当食物温度超过43℃时，感温匙前端部分将由原有颜色变为白色，当食物温度低于43℃时，匙前端部分会逐步恢复到原有颜色，便于妈妈掌握食材温度，给宝宝更多的呵护。

小动物虽然很可爱，但是宝宝要远离，防止被咬伤、抓伤

家庭医生

宝宝做噩梦了

噩梦的发生，常由宝宝在白天碰到了某些强烈的刺激，比如看到恐怖的电视或听到鬼怪的故事等而引起，这些都会在大脑皮质上留下深深的印迹，到了夜深人静时，其他的外界刺激不再进入大脑，这个刺激的印迹就会释放而发挥作用。此外，宝宝身体不适或有某处病痛也会出现噩梦。当宝宝生长快，而摄入的钙又跟不上需要时，都会导致噩梦。爸爸妈妈怎样帮助宝宝走出噩梦？

1. 在宝宝做噩梦哭醒后，妈妈要将他抱起，安慰他，用幽默、甜蜜的语言解释没有什么可怕的东西，以化解宝宝对噩梦的恐惧感。

2. 要了解宝宝在白天看见了哪些可怕的东西。向宝宝讲清不害怕的道理，免得以后再做噩梦。有的宝宝在下雨刮风时看到窗外的树或其他东西不断摇晃，就会和可怕的东西联系起来，到了入睡后自然会做噩梦。所以妈妈可带宝宝到窗外去走走，让宝宝知道窗外并没有什么可怕的东西，那些摇晃的东西不过是风吹动所致。

3. 做噩梦的宝宝在第2天往往还会记住梦中的怪物，妈妈可让宝宝将怪物画下来，以培养宝宝的创造力，然后借助于"超人""黑猫警长"的威力打败怪物，以安慰宝宝。

4. 当宝宝初次一个人在房间睡时，因害怕会做噩梦，此时妈妈一方面向宝宝讲一个人睡的好处，另一方面可开盏小灯，以消除宝宝对黑暗的恐惧。也可以打开门，让宝宝听到父母的讲话声，感到父母就在身边，这样就可安心入睡了。

呕吐的应对措施

症状表现

1. 宝宝常发出"嘶嘶"的痰鸣声，晚饭后睡觉前，伴随一阵咳嗽发生呕吐，只要不咳嗽就不会呕吐。这种宝宝往往平时容易积痰。

2. 常发生的呕吐是突然发热伴有呕吐，宝宝看上去会特别疲劳。

3. 宝宝晚饭吃了太多肥肉、米饭，引起呕吐，吐完之后宝宝觉得舒服了，既能安稳睡觉，也不会发热，这是过食的原因，妈妈也会很清楚。

4. 秋季快满周岁的宝宝反复呕吐，还发生多次水样大便，伴有发热，但热度不高，可能是"秋季腹泻"。

5. 感冒、口腔炎、一氧化碳中毒也会伴有呕吐的症状。

饮食护理

1. 在宝宝呕吐后，要注意观察宝宝1～2小时，如果宝宝口渴，要逐渐少量多次地喂点果汁、凉茶水或冰水等流体类汁水，但不要喂柑橘汁。如果宝宝没有异常反应，就可以给宝宝水喝。

2. 在宝宝呕吐后3～4小时，会感到肚子饿，最好给宝宝喂些面糊或烂粥。

按摩护理

按摩可以缓解宝宝呕吐的症状，具体方法如下：让宝宝仰卧，家长用中指先按后揉中脘穴1～3分钟。该穴位于人体上腹部，胸骨下端与肚脐连接线的中点即为此穴。

扁桃体炎的应对措施

症状表现

急性扁桃体炎常表现为高热、咽痛，扁桃体肿大发红，不敢吞咽进食。

年龄幼小的宝宝则表现为流口水、不吃食物，病情严重者扁桃体上可见数个化脓点，又称化脓性扁桃体炎，此时体温更高，持续时间也更长。

饮食护理

1. 饮食方面要清淡，可吃乳类、蛋类等高蛋白食物和香蕉、苹果等富含维生素C的食物。辅食最好制成易于吞咽、易于消化的半流质饮食，如米汤、米粥、豆浆、绿豆汤、菜泥、果泥、蛋汤等。此外，还应适当多饮水。

2. 当宝宝出现吞咽困难时，不要强迫宝宝进食，可以让宝宝吃些流食，如酸奶等，以减轻咽喉疼痛。

3. 多给宝宝吃流食或其他润滑、易吞咽的食物。

生活护理

如果宝宝发热，妈妈要注意房间的保暖，督促宝宝注意休息，必要时可采取降温措施；妈妈要监督宝宝保持口腔清洁，用淡盐水或漱口水漱口，以防止感染加重。

宝宝智力加油站

敲勺

方法 让宝宝坐在地板上，宝宝和妈妈各拿一对小勺。妈妈唱童谣，鼓励宝宝跟着节奏去敲击勺子。妈妈尝试将相同的童谣节奏唱得快一些，并随之加快敲打节奏的速度，再减慢唱歌速度及敲打节奏的速度。

目的 锻炼大运动技能和精细动作技能发展。

 专家指导建议

注意不要让宝宝打到自己，或者用勺戳伤自己。

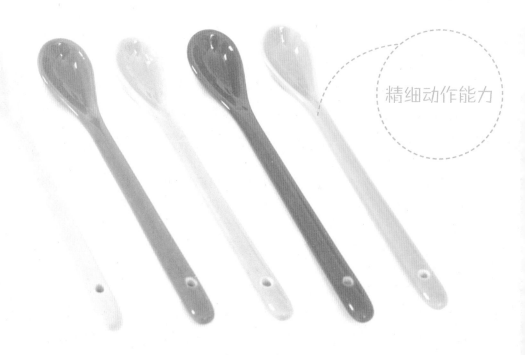

精细动作能力

找亮光

方法 准备一面小镜子。在天气晴朗时，选择比较空旷的场地。父母用小镜子对准太阳，将亮光反射在地面上，让宝宝去捕捉亮光，并用脚踩踏照在地上的亮光。

目的 训练宝宝动作的敏捷性、身体的灵活性及反应能力。

专家指导建议

不要用光照射宝宝的眼睛，父母可以不断变换方位，锻炼宝宝的反应能力。

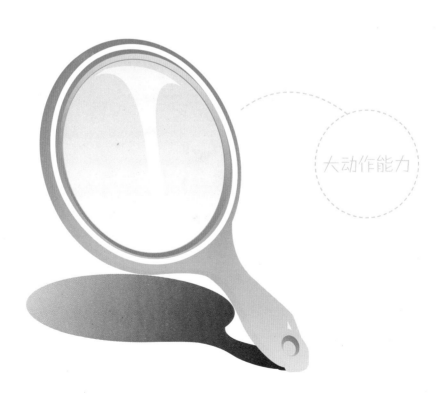

大动作能力

找朋友

 方法 节假日或下班后，带着宝宝去户外和其他小朋友一起做游戏，让宝宝们手拉手站着，围成一个圈。其中一个小朋友站在圈子中央，爸爸妈妈和宝宝们一起唱找朋友的歌，中间的小朋友随着歌曲在圈子里面找啊找。

目的 提高宝宝与人交往的兴趣。

 专家指导建议

尽量让每个宝宝都有在圈子里面"找朋友"的机会，这样每个宝宝都能觉得自己受重视、受欢迎了。

认知能力

蹲下起来

 方法 宝宝与你面对面站立，当你告诉宝宝说"变小了"时蹲下，说"长高了"时站起来，边说边示范。然后说"变小了"教宝宝蹲下，说"长大了"教宝宝站起，可反复玩。

 目的 锻炼动作协调和反应速度。

 专家指导建议

宝宝从蹲着转到站起来时，很有可能会因为站起的速度过快而摔倒，所以做好防护措施很重要。

育儿疑问专家连线

Q 宝宝都已经 1 岁 7 个月了，但是还不会说话，这正常吗？

A 对"不会说话"的宝宝，家长首先应判断宝宝是不会说话，还是没有必要说话。现在太多家长非常理解宝宝的肢体语言，并且能够满足宝宝全部肢体语言的需求，导致宝宝没有必要说话，或只会叫人即可。语言是交流的工具，只有耳聋才会真正导致语言缺失。排除耳聋原因，说话晚就与家长引导有关。家长可以试着不要马上满足宝宝的要求，鼓励宝宝说出自己的意愿而不是用肢体语言表达。

Q 宝宝都 20 个月了，还没有出过幼儿急疹，不是说 1 岁以内都要出幼儿急疹吗？是不是宝宝免疫功能不好啊？

A 幼儿急疹是病毒引起的上呼吸道感染，因高热后出疹而得名。大多数宝宝在 1 岁之内会患此病，但有些会通过隐性感染获得免疫功能。不应该以是否得过幼儿急疹作为免疫功能是否正常的指标。

Q 我家男宝 1 岁 9 个月了，现在还吃母乳，请问什么时候断奶好，另外，现在可以给宝宝吃奶酪吗？

A 世界卫生组织建议母乳喂养可以到 2 岁或 2 岁以上，所以只要母乳充足，且有条件，可以继续喂下去。但是如果你母乳喂养有困难，可以选择混合喂养，不过要提前让宝宝习惯配方奶粉。宝宝现在可以吃奶酪，但是不能吃太多，因为奶酪中饱和脂肪酸的含量高，不适合宝宝多吃。

Q 我昨晚在宝宝旁边很大声地吼了一下，宝宝哭了一声就不哭了，会不会把宝宝的耳膜震到了啊？

A 只嚷了一次应该不会震坏耳膜，但是也需要注意不能冲着宝宝耳朵嚷。大人大声喊其声音可达 90 分贝，时间久了足以伤害到宝宝的听力。

Q 我家男宝 21 个月，还说不好话，只会偶尔自己念叨"爸爸""妈妈""奶奶""这个"，会自己走几步，但是不能走得时间太久，这是不是发育迟缓了？还有这个年龄有必要上早教课吗？

A 21 个月的男宝宝只会说几个字，这也算正常，有的男孩语言发育就是会慢些，有的到 2 岁才会说话。至于走路，不能看宝宝走路时间长短，要看宝宝走路姿势是不是正确，如果宝宝能够全脚掌着地走路，那么就是正常的，没必要太担心。是不是应该上早教课，这个没有绝对的答案，即使送宝宝去上早教课，也不能忽视了爸爸妈妈的陪伴，要让宝宝在爸爸妈妈的陪伴下快乐成长。

Q 宝宝最近总是喜欢打人，我该怎么纠正他？

A 宝宝打人可能只是表达情绪的一种方式，不管是什么原因，打人都是不对的，需要及时制止。当宝宝出现打人的行为时，家长要表情严肃，用生气的口吻告诉宝宝"打人是不对的，不可以打人！"可能头几次效果不大，但是一定要坚持，不能因为心疼宝宝哭就妥协，一定要让宝宝知道打人是错误的。

Q 宝宝喜欢自己吃饭，但是又吃不好，弄得脸上、身上、地上到处都是饭，而且宝宝也吃不进去几口饭，大部分都浪费掉了。但是不让宝宝自己吃，他就哭闹，我该怎么办啊？

A 宝宝现在就是喜欢自己做事情，不管能不能做宝宝都要尝试一下。如果你限制他，他就会反抗，这是正常的。很多家长在宝宝 1 岁的时候就开始锻炼宝宝自己吃饭了，到现在已经能很熟练地使用勺子了。你家宝宝现在才开始锻炼自己吃饭已经有点晚了，你要放开手让宝宝去做，可以适当地协助宝宝，既要让宝宝学会自己吃饭，又要保证宝宝吃饱。

秒变淘气熊孩子

宝宝喜欢这儿摸摸、那儿看看，翻箱倒柜，家里的用具敲来摔去，玩具拆散了架，被家人称作"造反派"。虽然还不会自己荡秋千，但会爬上溜滑梯的楼梯，并滑下来，也会抓着单杠让身体晃来晃去。

宝宝成长档案

生理指标	男宝宝	女宝宝
体重（千克）	9.8~15	9.3~14.2
身长（厘米）	80.2~93.5	79.1~92.1

宝宝发育特点

懂得"你、我、他"

能够听懂"不"

具有较强的模仿力

2岁以内宝宝特有的"罗圈腿"开始变直了

能打开门的门闩

爱问为什么

喜欢和小朋友玩耍，但是还不懂得分享

育儿要点提醒

可以和大人吃相似的食物

2岁左右的宝宝可以吃大部分食物，但一次不能吃太多，要遵守从少量开始、慢慢增加的原则。

宝宝厌食调整策略

1. 更换食物花样。
2. 不要强迫宝宝吃饭。
3. 让宝宝学会独立吃饭。

宝宝偏食应对策略

1. 增加宝宝的运动量。
2. 不要哄骗宝宝。
3. 让宝宝心情愉快地进食。

龋齿的预防

1. 补充钙质和维生素D。
2. 做好宝宝的牙齿保健。
3. 及时处理乳牙上的积垢。
4. 要定期去看牙科。

培养宝宝爱心的方法

1. 教宝宝亲吻父母、抚摸父母，以表示对父母的爱。
2. 养些小金鱼、种花等，培养宝宝的爱心和对大自然的兴趣。
3. 培养宝宝对别人情绪、情感的理解和体验。

4. 及时表扬宝宝的好行为，让他感受到被爱、被注意。

引导宝宝多交朋友

1. 不能光讲大道理，要借助宝宝容易接受的方式引导宝宝。
2. 可以邀请别的小朋友到家里来玩。
3. 鼓励宝宝结交一个好朋友。
4. 多带宝宝参加各种活动。
5. 家长要言传身教，多结交朋友。

能和朋友一起玩耍，好开心

膳食营养补给站

❀ 增加食物种类来确保营养均衡

为了宝宝身体的均衡发展，应通过一日三餐和零食来均匀、充分地使宝宝摄取饭、菜、水果、肉、奶等五类食物。可以跟大人吃相似的食物，比如可以跟大人一样吃米饭，而不必再吃软饭。但是要避开质韧的食物，一般食物也要切成适当大小并煮熟透了再喂。不要给宝宝吃刺激性的食物。有过敏症状的宝宝，还要特别注意慎食一些容易引起过敏的食物。2岁左右的宝宝可以吃大部分食物，但一次不能吃太多，要遵守从少量开始、慢慢增加的原则。

❀ 帮宝宝度过"生理性厌食期"

这个阶段的宝宝容易出现"生理性厌食期"，这主要是由于宝宝对外界探索的兴趣明显增加，因而对吃饭失去了兴趣。

更换食物花样

父母应经常更换食物的花样，让宝宝感到吃饭也是件有趣的事，从而提高吃饭的兴趣。有的父母看到宝宝不爱吃饭，就十分着急，先是又哄又骗，哄骗不行，就又吼又骂，甚至大打出手，强迫孩子进食，这样会严重影响宝宝的健康发育。

让宝宝独立吃饭

应放手让宝宝自己吃饭，使其尽快掌握这项生活技能，也可为幼儿园入园做好准备。尽管宝宝已经学习过拿勺子，甚至会用勺子了，但宝宝有时还是愿意用手直接抓饭菜，好像这样吃起来更香。爸爸妈妈要允许宝宝用手抓取食物，并提供一些手抓的食物，如小包子、馒头、面包、黄瓜条等，提高宝宝吃饭的兴趣，让宝宝主动吃饭。

不要强迫宝宝吃饭

宝宝吃多吃少，是由他的生理和心理状态决定的，不会随大人的主观愿望而转移。强迫孩子吃饭，不利于宝宝养成良好的饮食习惯。

宝宝偏食怎么办

做饭时多考虑宝宝的喜好，对宝宝不喜欢吃却又富有营养的食物，必须精心烹调，尽量做到色、香、味、形俱佳，还可将其添加到宝宝喜欢吃的食物中，使其慢慢适应。

增加宝宝的运动量

运动会加速能量的消耗，促进新陈代谢，增进食欲。在肚子饿时，宝宝是很少偏食、挑食的，俗话说的"饥不择食"就是这个道理。

不要哄骗宝宝

当宝宝较饿时，比较容易接受不喜欢的食物，可以让宝宝先吃他不喜欢的，再吃他喜欢的，但应注意不要过分强迫，以免宝宝对不喜欢的食物更加反感。

让宝宝心情愉快

父母带头吃宝宝不爱吃的菜，只要宝宝吃了，便给予适当的鼓励，这样能调动宝宝的积极性。

可以吃点粗粮

这个阶段的宝宝，每天应保证主食100~150克，蔬菜100~125克，牛奶250~500毫升，豆类及豆制品10~20克，肉类50~75克，鸡蛋1个，水果50克左右，油10毫升左右。如果宝宝不爱吃肉蛋类，可以增加配方奶粉的量。

宝宝适量吃些粗粮，有利于补充身体所需的膳食纤维

宝宝营养食谱

鲜虾烧卖

补钙，促进骨骼发育

材料 白菜150克，虾仁30克，金针菇、香菇末、芹菜末、鸡肉末、藕末各20克。

调料 盐少许，姜末、葱末各3克，酱油5克。

做法

1. 虾仁洗净，挑去虾线，切末；白菜洗净，撕成片，焯烫后过凉。

2. 香菇末、鸡肉末、虾仁末、芹菜末、藕末加酱油、盐、葱末、姜末做成馅料，包在白菜叶里，再插上金针菇，包好口，蒸熟即可。

鸡蓉玉米羹

养心健脾，增强记忆力

材料　玉米粒 40 克，鸡胸肉 30 克，青
　　　　豆 20 克。

调料　盐少许，水淀粉 15 克，植物油
　　　　适量。

做法

1. 玉米粒、青豆分别洗净，沥干；鸡胸
   肉洗净，切碎。

2. 锅内倒油烧至五成热，放入鸡肉碎
   炒散，加入玉米粒、青豆和适量水
   煮沸，再加盐调味，并用水淀粉勾
   芡即可。

科学护理指南

培养爱心和同情心，是最好的情商教育

1.让宝宝尽早建立正确的情感表达方式，并不断强化。如教宝宝亲吻父母、抚摸父母，以表示对父母的爱。跟宝宝玩布娃娃，让宝宝拍娃娃睡觉，给娃娃盖被、喂娃娃吃奶等。

2.经常带宝宝与其他小朋友一起玩，养小金鱼、种花等，培养宝宝的爱心和对大自然的兴趣。

3.培养对他人的同情，即对别人情绪、情感的理解和体验。

4.经常表扬宝宝好的行为，提高他的自信心，让他感受到被爱、被注意。

玩过家家有利于宝宝爱心养成

家庭门窗应采取的安全措施

现代化的都市内，高楼林立，一楼高过一楼。室内也装修得富丽堂皇，显得窗明几净。在此仍不免提醒那些有宝宝的家长，室内装修在讲究美观、大方的同时，还要对您的宝宝采取一些安全措施。

窗户的高度一般要求距地面 0.7 米，在窗户上装上栏杆或窗纱，以保证宝宝的安全；房门最好向外开，不宜装弹簧装置；装有玻璃门的家庭，应在玻璃门上与宝宝等高的地方，贴上贴纸，以提醒宝宝那里有玻璃，不是空的，以免磕破头；在宝宝自己会打开的门上系一个铃，当他推门出去时，以便里面的人可以察觉；在不想让宝宝进去的房间的门上端钉一个钩子扣住，以保证他推不开；在纱门上适合宝宝的位置，加一根浴室里挂毛巾用的横杆，以便宝宝容易推门进出。

不合群宝宝的应对措施

每个人的性格都是不尽相同的，宝宝更是如此。首先我们应该认可这种不同，其次就要从各方面，包括爸妈自身、所处环境等来解决宝宝的不合群现象。要知道，宝宝的交往能力是被激发出来的、被鼓励出来的，如果不想让宝宝太孤独，爸妈就应该

通过各种方式让宝宝感到他是群体中的一分子。

不能光讲大道理，要借助宝宝容易接受的方式引导宝宝

比如编一些有针对性的小故事，在讲故事的同时，让宝宝知道与别人和谐相处的方法，也可以借助一些图画书，让宝宝了解集体生活的行为规范。让宝宝觉得与人交往以及集体活动是一件很有趣味的事情。

多带宝宝参加各种活动

可以多创造机会，联系其他家庭搞一些小型聚会，也可以带宝宝去参加一些亲子活动，创造各种机会让宝宝多接触。

鼓励宝宝结交一个好朋友

不能一下子要求宝宝马上融入大的集体里面，可以让宝宝从交一个好朋友开始，让他懂得交朋友的乐趣，慢慢地就会融入集体里了。

可以邀请别的小朋友到家里来玩

家是宝宝最熟悉的环境，在家里宝宝能够更加放松。邀请别的小朋友来家里玩，告诉宝宝是小主人，让他照顾好其他小朋友。

家长要言传身教

爸爸妈妈与其朋友间的和谐相处，也是对宝宝最好的带动。

❀ 宝宝喂药应对措施

宝宝生病了，但是却不肯吃药，这是让很多爸爸妈妈都非常头疼的事情。往往大人累得浑身是汗，宝宝哭得声嘶力竭，却仍然无法成功把药喂进去。有没有什么办法能让喂药变得简单？

1. 如果宝宝一直哭闹，不肯吞咽药物，要先把宝宝哄安静后，再慢慢给药，也可试试用喂药器。

2. 给宝宝喂药时，最好能先耐心说服哄劝，并给予表扬和鼓励，大多数宝宝能勇敢地把药服下。

3. 如果宝宝能够积极配合吃药，可以适当给宝宝一些奖励，比如说给他吃一样他喜欢的东西，或者一起玩他喜欢的游戏。

4. 假装喂给宝宝喜欢的玩偶吃，用这种游戏吸引宝宝对药的兴趣。

5. 尽量买味道比较好的幼儿药。

6. 给宝宝服药的时间通常选在饭前 30 分钟到 1 小时，因为此时胃已排空，有利于药物的充分吸收，使药物发挥最大的功效，还可以避免服药引起的呕吐。但要留意，有些对胃有较大刺激的药物，要选在餐后 1 小时喂服。

错误的喂药方法

果汁喂药：各种果汁饮料中一般都含有果酸和维生素C，它们的化学属性通常呈酸性，和药一起服用不利于药物在肠道内的吸收，会影响疗效。

捏鼻喂药：这种行为会给宝宝造成非常不好的心理感觉，而且容易呛入气管引起窒息。

与食物一起喂药：有味的药不要和食物放在一块喂，免得让宝宝对食物也产生抗拒，甚至会厌食。

开水冲药：调和药物的水要用温热的，开水会破坏药物成分。

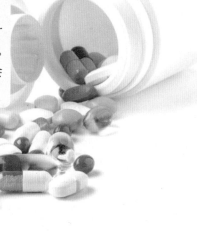

宝宝爱说"不"的应对方法

很多家长反映，2岁的宝宝就喜欢说"不"，家长让他做什么他都说"不"，宝宝用这种方式挑战父母的权威，同时也是在挑战父母的忍耐力。宝宝为什么会喜欢说"不"呢？

那是因为宝宝开始有了自我意识，他开始认识到自己是个独立的人。随着他会说的词汇的增加，他会开始使用自己的名字，对自己的玩具表现出占有欲，开始对衣服有所挑剔，并且开始抗拒父母的一些简单要求。他会想要看看违背父母意志的后果，"不"这个词对他充满了魅力。那么父母到底应该如何应对呢？

要理解自己的宝宝

首先，家长应该明确，宝宝拒绝做你要求他做的事情是完全正常的。他这么做并不是想让你生气，而是因为他发现原来自己也是一个个体，他正在尝试自己做决定的能力。

家长正确的做法应该是既不要过多地干涉宝宝做什么，也不要催促他做什么。尽可能地多说些有趣的事情来引逗他去按你的意思做。制定些严格的、持之以恒的规矩是很重要的，但是要仔细考虑这些规矩的内容和适用范围。如果发现自己对宝宝说"不可以"的时候大大地多于"可以"，就可能是你制定的规矩太多了。另外，如果家长一味地妥协，宝宝就会被宠坏。所以，关键是如何在这两者之间找到均衡。

给宝宝选择的权力

有时家长会和宝宝解释，但他仍然不想做你要求他做的事情，这是因为他想要自己做出选择。

这一阶段如果给宝宝出个选择题让他自己做选择，能帮助他锻炼决策技巧。比如你想让宝宝穿上鞋子，你可以问："你是想穿你的小靴子还是想穿你的小皮鞋？"或者你想让宝宝停止淘气，你可以问："你是想要玩玩具还是看图画书？"只要宝宝选择其一，你的短期目标就达到了。

但你提供的选择项必须是你自己能接受的。如果宝宝做了选择，你却没有答应，那你的宝宝得到的教训就是他的选择无关紧要，你提出选择时并没打算说话算数。

千万不能威胁宝宝

不要和宝宝说，你不怎样我就怎样这样的句式，这绝对是一种威胁。威胁可能会让宝宝暂时妥协，但是也会导致你的宝宝害怕你，这会后患无穷的。

龋齿的预防

产生龋齿的原因是食物的残渣在牙缝中发酵，产生多种酸，从而破坏了牙齿的釉质，形成空洞，导致牙痛、牙龈肿胀，严重的会使整个牙坏死。采取以下措施，可有效避免龋齿的发生。

补充钙质

饮食中缺钙也会影响牙齿的坚固，牙齿因缺钙变得疏松，易形成龋齿。维生素 D 可帮助钙、磷吸收，维生素 A 能增加牙床黏膜的抗菌能力，氟对牙齿的抗龋作用也不可少，所以要注意从膳食中保证供给。在饮食中要多吃富含维生素 A、维生素 D 及钙的食物，如乳品、肝、蛋类、肉、鱼、虾、海带、海蜇等。

做好宝宝的牙齿保健

要让宝宝养成早晚刷牙的好习惯，最好在饭后也刷牙。牙刷要选择软毛小刷，刷时要竖着顺牙缝刷，上牙由上往下刷，下牙由下往上刷，切不要横着拉锯式刷，否则易使齿根部的牙龈磨损，露出牙本质，使牙齿失去保护而容易遭受腐蚀。

及时处理乳牙上的积垢

当宝宝满 2 岁时，乳牙已基本长齐，爸爸妈妈应带宝宝去医院检查一下，并处理乳牙上的积垢，在牙的表面进行氟化物处理。当后面的大牙一长出来，就要在咬合面上涂一层防龋涂料，这样做可以大大地减少龋齿。

要定期去看牙科

发现有小的龋洞就要及时补好，一般可每隔一年定期做牙齿保健。

奶爸
育儿经

"机器人爸爸"

在这个游戏中，爸爸要变成一个机器人。因为你是一个机器，所以当宝宝每次按压你身体的不同部位时，你要做出不同的动作。比如宝宝按住你的手，你就马上动动手；如果宝宝按住你的腿，你就踢踢腿。你这样的举动会让宝宝非常开心，同时他也会从中学习到因与果的关系。

家庭医生

换季感冒

随着年龄的增长，宝宝的抵抗力有所增强，但是感冒依然是宝宝多发的疾病。尤其是在换季时，天气变化异常，更容易引发感冒。

宝宝生病时更应该保证良好的休息和充足的睡眠，睡觉有帮助宝宝康复的功效。

适宜吃易消化的流质或半流质的食物，可以多吃些蔬菜水果，以补充维生素C，达到增强抵抗力的目的。

宝宝感冒时不要随意加减衣服，既不要给宝宝捂太厚，也不能穿太少冻着宝宝。如果宝宝出现发热，就更不能捂太多，免得让宝宝体温升高。

如果宝宝感冒伴随发热症状，如果温度不超过38.5℃就没必要给宝宝吃药。可以采用物理降温的方法帮助宝宝缓解发热。最好的办法是洗温水澡。

佝偻病

佝偻病俗称"软骨病"，是缺乏维生素D引起体内钙、磷代谢紊乱，而使骨骼钙化不良的一种疾病。佝偻病会使宝宝的抵抗力降低，容易并发肺炎及腹泻等疾病，影响宝宝的生长发育。

佝偻病主要有以下症状表现

1. 宝宝烦躁不安，夜间容易惊醒、哭闹、多汗、头发稀少、食欲缺乏。

2. 骨骼脆软，牙齿生长迟缓；方颅，囟门闭合延迟；各关节的骨骼软骨增大，胸骨突出呈鸡胸状，脊椎弯曲；腿骨畸形，出现O形腿或X形腿；行动缓慢无力。

3. 肌肉软弱无力，腹部呈现壶状。

佝偻病的家庭护理

1. 宝宝每天应在室外活动1~2小时，晒太阳能促使维生素D的合成，预防佝偻病。

2. 每天补充适量的维生素D，鱼肝油要每天吃。此外，应根据宝宝的需要来补充钙剂。

3. 提倡母乳喂养，及时给宝宝合理地添加蛋黄、猪肝、奶及奶制品、大豆及豆制品、虾皮、海米、芝麻酱等辅食，以增加维生素D的摄入。

4. 不要吃过多的油脂和盐，以免影响钙的吸收。

宝宝智力加油站

拼图游戏

方法 爸爸妈妈可以自己制作这种简易的拼图，可以是一幅动物图，也可以是一幅水果图；如果是一幅动物图，比如狗，可以剪成头、身体、尾巴三部分。如果是水果图，比如梨，可以先切左侧 1/3，再切带把的部位，最后切其右侧的 1/3；有些宝宝非常聪明，会先把中间有把儿的一部分放在桌子上，将把儿朝上，再将剩余两块一边比对一边放好。如果宝宝能按照图的边缘拼接，就能拼对。

目的 有助于提升宝宝的视觉空间智能。

 专家指导建议

当宝宝拼图遇到困难时，妈妈要及时给予帮助，增加宝宝的信心。

视觉能力

装豆子

方法 妈妈准备几个空盒子或空瓶。将一些豆子、珠子、扣子、花生米之类的东西撒在白床单上。在每个空瓶子或空盒子里放入一种物品，让宝宝逐个根据类别往空瓶子或空盒子里面放。

目的 培养宝宝的触摸感，促进手眼的协调性，其中的分类练习，也能帮助宝宝集中注意力。

专家指导建议

做这个游戏，对宝宝长大以后，上学认真听讲、做事认真都比较有益。

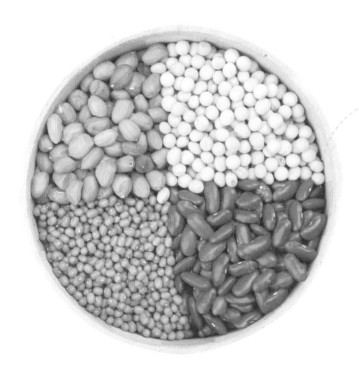

精细动作能力

叠叠乐

方法 准备若干个大小不一的套圈和一个底座。妈妈将套圈按从大到小的顺序依次排开，放在宝宝面前。然后依照套圈摆放的顺序，依次将套圈套在底座上。妈妈演示完后，将套圈取下，按照从大到小的顺序排开，请宝宝也来玩一玩**叠叠乐**游戏。

目的 加强宝宝对数量和颜色的认知，加深对大与小的理解，还能锻炼宝宝手拿物品的能力和手眼的协调性。

 专家指导建议

这时的宝宝可能还不能完全准确地完成套圈的动作，妈妈需要在旁边协助，并及时鼓励宝宝。

逻辑能力

宝宝能力测评

1. 会说出自己"1岁"，并伸示指表示1岁。　　　　是□　　否□

2. 会背两句儿歌。　　　　是□　　否□

3. 会替家长拿拖鞋、板凳、日用品等。　　　　是□　　否□

4. 自己可以端杯子喝水，并且洒得很少了。　　　　是□　　否□

5. 自己会去坐便盆，只是偶尔尿裤子。　　　　是□　　否□

6. 跑步时，扶着人或者扶着物可以停止。　　　　是□　　否□

7. 不扶人或物可以踢球。　　　　是□　　否□

8. 会回答简单的提问。　　　　是□　　否□

9. 逐渐习惯和同龄伙伴交往。　　　　是□　　否□

10. 能打开门闩，会折纸，逐页看书。　　　　是□　　否□

评分结果

答是加1分，答否得0分。

9~10分，优秀；7~8分，良好；5~6分，一般；5分以下，宝宝需要加强训练。

育儿疑问专家连线

Q 我家女宝现在 1 岁 10 个月了，从前一段时间开始喜欢翻东西，特别是口袋里的东西（不管是自己家的还是别人家的），这需不需要引导，以后会不会成为坏习惯呢？

A 现在正是宝宝接触世界的阶段，对任何事物都充满好奇，急于探索，宝宝的这种探索精神大人应该支持。如果总是阻止宝宝，就会扼杀他们的心智成长。家长要做的只是帮宝宝排除一切不安全的因素，并在适当的时候给予一些引导。宝宝的探索是永不消停的，满足她的一个探索需要，在获得满足之后，就会转移到新的目标。

Q 1 岁 10 个月的男宝宝，出去玩带着玩具，不管是他想和小朋友换玩具，还是小朋友想和他换，如果双方都同意，就换着玩，如果没达成一致，也不会去抢。可是，他每次换到小朋友的玩具，就认为是他的了，拒绝再换回来，讲道理不听，硬抢的话，他就号啕大哭、大闹，这该如何处理？

A 1 岁 10 个月应该懂得一些道理了。平日在家里，就要注意培养他的物权意识，例如什么是爸爸的、什么是妈妈的、什么是宝宝的，爸爸的东西能不能拿，要得到爸爸的同意，拿来玩了后要归还，归还时要说谢谢，多给宝宝练习，帮宝宝养成好的习惯。

Q 我家宝宝 22 个月，最近非常黏姥姥，其他人都不要，要怎么纠正宝宝的这种行为呢？

A 22 个月的宝宝，只是要姥姥不要妈妈，这就是妈妈的问题了。如果宝宝一直由姥姥带，而妈妈和宝宝没有发展出依恋关系，忘了妈妈也很正常。想要让宝宝对妈妈多一些依赖，妈妈就要多些时间陪宝宝，而且要专心陪宝宝玩。

Q 我儿子 23 个月，这几天他动不动就挥着小手"拜拜"，把爸爸妈妈赶走，不让我们待在他附近，可是我们真走开了他又哭闹。他现在还说不好话，我们也不明白他到底是什么意思，请专家帮忙解答一下。

A 宝宝经常做"拜拜"的手势，不一定就是真的要和爸爸妈妈分开，可能只是自己反复练习学习的过程。由于宝宝语言表达能力不足，所以很多表达方式只能借助身体语言。家长明白这一点后，就知道宝宝只是需要你来配合他，但并不是让你真的离开他。对宝宝要多一分耐心，而且要多理解宝宝。

Q 宝宝 2 岁，两个大门牙之间有个很大的缝隙，需要矫正吗？

A 乳牙间隙不需要矫正。甚至还有学者认为，间隙型乳牙比无间隙型乳牙更有利于恒牙的正常排列，利于恒牙咬合功能的正常形成。

Q 宝宝 2 岁了，现在总是爱问"为什么"，我该怎么回答啊？

A 有时候是他需要一个解释，有时候是他不知道怎样用其他词来表达自己对某件东西的好奇，还有些时候，当宝宝发现一个问题会带来长长的答案时，他会觉得非常满意，你要耐心地回答他的问题。

Q 我儿子快满 2 岁了，可牙齿才长出 8 颗，身体很好，可就是牙齿出得慢，是什么原因呢？是缺钙吗？

A 乳牙萌出的速度和数量，与遗传、母亲备孕期、孕期的营养状况和钙摄入及储备状况、宝宝出生后的喂养情况、辅食添加阶段食物软硬度的过渡情况、口腔卫生的维护情况等都有关系，并不一定与缺钙有关。建议带着宝宝到儿科口腔科看医生，查出原因，及时治疗。

24 个月宝宝
能力图解

语言沟通

会指出身体的一部分

至少会讲 10 个单词

自我控制和
社会交往

自己会脱去衣服

会打开糖果纸

会一页一页翻开图画书

会将一个杯子的水
倒入另一个杯子

重叠两块积木

细动作

粗动作

会自己上下楼梯

会自己从椅子上爬下

会踢球（一脚站
立另一脚踢）

2~3岁

开始为入园做准备

喜怒哀乐
百变表情包

宝宝在跑跑跳跳中学会了很多本领，有的可以在客人面前摇头晃脑地背诵唐诗了。情感发育开始向复杂化发展，从 2 岁开始，宝宝逐渐从惧怕中分化出羞耻和不安，从愤怒中分化出失望和羡慕，开始有了爸爸妈妈看得见、感受得到的喜、怒、哀、乐。

宝宝成长档案

生理指标	男宝宝	女宝宝
体重（千克）	9.99 ~ 15.7	9.4 ~ 15
身长（厘米）	80.9 ~ 96.1	79.9 ~ 94.8

宝宝发育特点

词汇量达到了上千个

学着听电话里的声音

理解快慢的速度和物品的轻重

能分辨不同的材质

能够跨越或绕开障碍行走

会自如地使用剪子

喜怒哀乐更加明显

分得清你我

育儿要点提醒

胖宝宝要调节饮食

1. 根据宝宝的年龄制定节食食谱。
2. 多吃富含膳食纤维的食物。
3. 食物宜采用蒸、煮或凉拌的方式烹调。
4. 可以给宝宝安排几餐量少且不含糖和淀粉的零食。
5. 应减少容易消化吸收的糖类的摄入。
6. 少吃糖果、甜点、饼干、含糖饮料等甜食。
7. 尽量少吃炸薯条等油炸食品。
8. 少吃脂肪性食品，特别是肥肉。

宝宝防晒要细心

1. 出门要选好时机，即上午 10 时前、下午 4 时后。
2. 给宝宝涂抹防晒霜。
3. 防晒用品不可少。
4. 让宝宝在阴凉处活动。

不吃染色食品

为宝宝选购食品时，应多为宝宝的健康着想，在选择漂亮的食品和饮料时，尽量挑选不含或少含人工色素的食品，以限制色素的摄入量。着色食品会造成宝宝智力低下、发育迟缓、语言障碍，严重者会停止生长发育。

快乐就餐

家长要给宝宝创造一个良好的就餐环境，让宝宝愉快地就餐，才能提高人体对各种营养物质的利用率。如此说来，愉快地进餐是宝宝身心健康的前提，是十分重要的。

宝宝郊游注意事项

爸爸妈妈带宝宝郊游的时候，切记注意饮食卫生，给宝宝讲"病从口入"的道理，吃东西前要用肥皂、流动水洗手。另外，应注意让宝宝及早休息，睡眠充足，消除疲劳。

膳食营养补给站

肥胖宝宝的饮食调养方法

1. 根据宝宝的年龄制定节食食谱，限制能量摄入，同时要保证生长发育的需要，食物要多样化，维生素、膳食纤维要充足。

2. 多吃粗粮、全麦粉、蔬菜、豆类等富含膳食纤维的食物，这些食物可以帮助宝宝消化，减少废物在宝宝体内的堆积，预防肥胖。

3. 食物宜采用蒸、煮或凉拌的方式烹调。

4. 可以给宝宝安排餐量少且不含糖和淀粉的零食，这样的食物可以减轻宝宝的体重，还有助于保持宝宝的血糖，同时能预防过量生成胰岛素，控制宝宝对糖类的渴求。

5. 在为宝宝制作辅食时，不应该过多地放盐。

6. 应减少容易消化吸收的糖类的摄入；少吃糖果、甜点、饼干等甜食；尽量少吃炸薯条等油炸食品；少吃脂肪性食品，特别是肥肉。

当心染色食品对宝宝的危害

国家明令禁止在宝宝食品中加任何色素。可是目前市售的儿童食品中，着色是很普遍的，拿这种儿童食品喂养宝宝是有害的，可造成其智力低下、发育迟缓、语言障碍，严重者会停止生长发育。

爸爸妈妈们在为宝宝选购食品时，应多为宝宝的健康着想，在选择漂亮的食品和饮料时，要慎之又慎！尽量挑选不含或少含人工色素的食品，以限制色素的摄入量，尤其在夏天，不要让宝宝喝太多的着色饮料，要掌握一个原则，那就是宝宝的食品和饮料，应当以天然品或无公害污染产品为主。

让宝宝愉快地就餐

一个人情绪的好坏，会直接影响这个人的中枢神经系统的功能。一般来讲，就餐时如果能让宝宝保持愉快的情绪，就可以使他的中枢神经系统和副交感神经系统处于适度兴奋状态，会促使宝宝体内分泌各种消化液，引起胃肠蠕动，为接受食物做好准备。接下来就是有机体可以顺利地完成对食物的消化、吸收、利用，使得宝宝从中获得各种营养物质。如果宝宝进餐时生气、发脾气，就容易造成食欲缺乏，消化功能紊乱，而且宝宝因哭闹和发怒失去了就餐时与父母交流的乐趣，父母为宝宝制作的美餐，既没能满足宝宝的心理要求，也没有达到提供营养的目的。因此，要求家长要给宝宝创造一个良好的就餐环境，让宝宝愉快地就餐，才能提高人体对各种营养物质的利用率。如此说来，愉快地进餐是宝宝身心健康的前提，是十分重要的。

水果不可少

水果的营养价值和蔬菜差不多，但水果可以生吃，营养素免受加工烹调的破坏。水果中的有机酸可以帮助消化，促进其他营养成分的吸收。桃、杏等水果含有较多的铁，山楂、鲜枣、樱桃等含大量的维生素 C。

樱桃富含维生素 C，宝宝可以适量食用，能提高免疫功能，预防感冒

宝宝营养食谱

爱心饭卷

补充能量

材料 米饭100克，紫菜（干）10克，火
腿1根，黄瓜100克，鳗鱼80克。

调料 盐、植物油各适量。

做法

1. 火腿和黄瓜分别切成小条，黄瓜条烫
熟后用盐、油入味；鳗鱼切片后调味。

2. 保鲜膜平铺开，均匀地铺上一层米
饭，压紧，再铺上一层紫菜，摆上火
腿、黄瓜、鳗鱼，将保鲜膜慢慢卷
起，卷的时候要捏紧。

3. 用保鲜膜包住后冷冻，食用前取出切
块加热即可。

金黄鳕鱼片

材料　鳕鱼 200 克，鸡蛋 1 个。

调料　盐、植物油各适量。

做法

1. 将鳕鱼肉用水洗净，擦干，切成片，撒上盐。

2. 鸡蛋磕开，打散，加盐搅匀。

3. 平底锅烧热后倒入油，将鳕鱼片放入蛋液中蘸匀，再放入锅中，用小火煎黄即可。

科学护理指南

宝宝防晒妙招

经常晒太阳，能帮助机体合成更多的维生素 D，有利于宝宝的健康成长。但是，夏天的烈日也可能会给宝宝的皮肤带来伤害。因此，父母要了解一些防晒知识。

出门要选好时机

在上午 10 时以后至下午 4 时之前，爸爸妈妈应尽量避免带宝宝外出活动，因为这段时间的紫外线最为强烈，非常容易晒伤宝宝的皮肤。最好能赶在上午 10 时前或下午 4 时后带宝宝出门散步。

给宝宝涂抹防晒霜

最好选择专门针对宝宝特点设计的防晒产品，能有效防御紫外线晒黑、晒伤皮肤。一般以防晒系数 15 为最佳。因为防晒值越高，给皮肤造成的负担越重。在琳琅满目的货架上，最好挑选物理性或无刺激性、不含有机化学防晒剂的高品质婴儿防晒产品。给宝宝用防晒用品时，应在外出前 15 ~ 30 分钟涂用，这样能充分发挥防晒效果。

防晒用品不可少

外出时，除了涂抹防晒霜外，还要给宝宝戴上宽边浅色遮阳帽、太阳镜或打遮阳伞，这可直接有效减少紫外线对宝宝皮肤的伤害，也不会加重皮肤的负担。

宝宝外出活动时，服装要轻薄、吸汗、透气。棉、麻、纱等质地的服装吸汗，透气性好，轻薄舒适，便于活动。另外，穿着长款服装可以更多地遮挡阳光，有效防止皮肤被晒伤。

在阴凉处活动

进行室外活动时，应选择有树荫或有遮挡的阴凉处，每次活动 1 小时左右即可，这样既不会妨碍宝宝身体对紫外线的吸收，也不会晒伤宝宝的皮肤。

如果宝宝能听懂爸爸妈妈的话，就可以教宝宝"影子原则"了，即利用影子的长度来判断太阳的强度，影子越短，阳光越强。当宝宝影子的长度小于宝宝的身高时，就要找遮蔽的场所，避免晒伤了。

秋天也要注意防晒

秋天的紫外线依然很强烈。宝宝的肌肤特别娇嫩，裸露的皮肤被强烈的紫外线照射后，很容易引起一些疾病，最常见的就是脸部会出现日光性皮炎。所以，父母同样要做好秋季的防晒工作，特别是初秋季节，防晒仍然不能忽视。

带宝宝郊游应注意的问题

年轻的爸爸妈妈们有着超前的消费观念和生活意识，可能会经常带宝宝到野外去旅游、度假。由于宝宝小，进行这些活动时有以下问题需要家长注意：

1. 带一本急救手册和一些急救用品，包括治疗虫咬、日晒、发热、腹泻、割伤、摔伤的药物，并准备一支拔刺用的镊子，以防万一。

2. 即便在营地能买到所需要的食物和饮料，也要准备好充足的食物和饮水，以防万一。

3. 准备好换洗的衣服和就餐用具，并将它们装在所带的塑料桶里，这些大小不同的塑料桶可以用来洗碗、洗衣服。

4. 给宝宝准备一个盒子，里面放一些有关鸟类、岩石及植物的书供他参考，并放入许多塑料袋、空罐子、盒子给他装采集的标本。

5. 无论气象预报如何，一定要带上雨具、靴子、外套，以备不测。

潮妈
育儿新招

卡通趣味练习筷子
——拿在手上不脱落

这种筷子是连体设计，每根筷子都带有插入手指的塑料环，一根筷子带一个能插进宝宝拇指的塑料环，另一根筷子带两个能插进宝宝示指和中指的塑料环，能让宝宝习惯正确的拿筷姿势，即使用不好筷子，筷子也不会从小手上脱落。

奶爸
育儿经 **倒车喽**

让宝宝扮演小汽车，爸爸在宝宝的后面扶着宝宝的肩膀。然后让宝宝学着倒着走，一边走一边喊"倒车请注意，倒车请注意"。爸爸要不时地观察背后的情况，给宝宝适当的保护，这可以很好地锻炼宝宝的平衡力和空间能力。

 家庭医生

宝宝晒伤应对措施

用西瓜皮敷肌肤

西瓜皮含有维生素 C，把西瓜皮用刮刀刮成薄片，敷在晒伤的皮肤上，西瓜皮的汁液就会被缺水的皮肤所吸收，皮肤的晒伤症状会减轻不少。

用茶水治晒伤

茶叶里的鞣酸具有很好的促进收敛的作用，能减少组织肿胀，减少细胞渗出，用棉球蘸茶水轻轻拍在晒红处，这样可以安抚皮肤，减轻灼痛感。

水肿用冰牛奶湿敷

被晒伤的红斑处如果有明显水肿，可以用冰的牛奶敷，每隔 2~3 小时湿敷 20 分钟，能起到明显的缓解作用。

育儿直通车 ❀ ❀

现在市面上有很多防晒霜，有些是专为婴幼儿提供的。但防晒霜毕竟是一种化学物品，对宝宝娇嫩的皮肤有不良刺激。如果宝宝不是必须要在太阳下裸身暴晒时，其实没有必要非给宝宝使用防晒霜不可。

智障儿的提示信号与早期发现

智障儿又称"智能落后""智力低下"，泛指大脑发育不全或精神神经系统发育不全或大脑受损伤而导致智力发展障碍的儿童。如何识别宝宝早期智力低下的信号并及早治疗呢？

宝宝早期智力低下的信号

外形异常	先天愚型	宝宝面部扁平，塌鼻梁，常张口伸舌，流涎，身材较矮，眼裂上斜，内眦赘皮，易辨认
	脑积水	宝宝脑袋特别大，眼睛犹如"太阳下山状"
	甲状腺功能减低（呆小症）	宝宝表情呆滞，皮肤粗干，舌头宽大，面部臃肿，两眼的距离加宽
	苯丙酮尿症	宝宝皮肤异常白，毛发颜色也特别浅，有的皮肤很干燥

（续表）

	苯丙氨酸	宝宝由于苯丙氨酸代谢障碍，苯乙酸不能和谷氨酰胺结合，从尿和汗液中排出，呈发霉样的气味（鼠尿味），家中能闻到耗子膘味
	枫糖尿症	宝宝尿液常有烧焦糖的气味
	甲基丁烯酰甘氨酸尿症	宝宝小便呈猫尿味
	自闭症	正常宝宝在 7 个月时就会模仿大人说出简单的单词，1 岁时会叫人，说出 10 多个单词，听懂简单的指令，2 岁时会回答简单的问题，3 岁时会正确表达自己的意见。自闭症的宝宝往往落后正常宝宝 1~2 年
	先天愚型、苯丙酮尿症	宝宝语言更落后，智商常低于 50
	呆小症	正常宝宝，3 个月会抬头，6 个月会坐，8 个月会爬，9 个月会扶站，1 岁会走。患有智力低下的宝宝，动作发育大大落后于正常宝宝。宝宝特别"乖"
	苯丙酮尿症	宝宝步态异常，常多动，兴奋不安，与正常宝宝淘气、活泼不同，宝宝有无目的的、不可抑制的动作，如推倒椅子，碰碎花瓶
	先天愚型、呆小症	宝宝哭声往往低微
	猫叫综合征	宝宝智力低下，在出生不久，哭声如猫叫

以上疾病都会引起智力发育异常。宝宝的爸爸妈妈应善于明察秋毫，对宝宝身上的外形异常、气味异常、语言异常、动作异常、反应异常、哭声异常引起警惕，因为这可能是疾病的早期信号。

宝宝智力加油站

猜猜看

方法 妈妈将宝宝熟悉的小玩具摆出来，让宝宝看看、摸摸，说说它们各是什么。取一个物品放在布袋里，让宝宝把手伸进袋子里摸摸，然后说出摸到的是什么。如果宝宝说对了，妈妈要说"宝宝真棒！"并鼓励宝宝简单说出理由；如果没有猜对，就和宝宝重新来认识一下这个物品。

目的 锻炼宝宝的记忆力。

🐤 专家指导建议

最好选择宝宝比较熟悉的玩具。

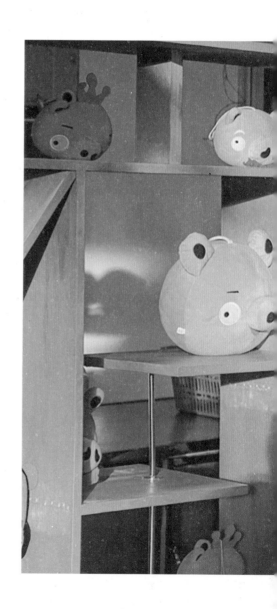

抓泡泡

 在脸盆里装上水，使用婴儿专用洗涤液加入水中，用铁丝弯成螺旋小铁环，或者直接用吹泡泡的工具吹出泡泡。妈妈可以先吹出泡泡，再用手捅破泡泡。然后让宝宝模仿去捅泡泡，抓泡泡。

 专家指导建议

妈妈可以和宝宝在对方的身上吹泡泡，可堆出一些有趣的形状。

目的 通过抓泡泡的游戏，可以提高宝宝的手眼协调能力。

精细动作能力

春天到

1. 准备有关春天的图片，以及"春天""蝴蝶""蜜蜂"的字卡及相应图片。
2. 妈妈拍手说儿歌（春天到），鼓励宝宝一起拍手，一边跟着说儿歌。之后妈妈问宝宝："谁来这首儿歌里做客了？"（蜜蜂，蝴蝶，还有小鸟）
3. 妈妈说两遍儿歌后，让宝宝学习重点词句及动作：
① "春天到，空气好。"——双手上举，左右摆动。
② "草儿绿，鸟儿叫。"——左右拍手。
③ "花儿朵朵开口笑。"——双手手腕相合。
④ "蜜蜂蝴蝶齐舞蹈。"——学小鸟飞。

发展宝宝的语言表达能力，学会背诵儿歌，并能手口一致地表演动作。

专家指导建议

妈妈表演儿歌，遇到重点词句时速度要慢，动作要夸张。周末带宝宝外出游玩时可复习儿歌。

育儿疑问专家连线

Q 宝宝意外咬下一小截吃蛋糕的小叉子，不算大，只是一小块，本来是想抠出来，但是没抠出来，不过后来看宝宝也没什么异常，请问我还应该注意什么？

A 如果怀疑宝宝误吞异物，只要物体不是十分尖锐，孩子也无异常表现，就等孩子将异物随大便排出即可。你家宝宝吃进去的小塑料叉子，进入胃肠会被胃肠液包裹，不大会直接刺入胃肠壁，1~2天即可被排出。但是如果怀疑孩子误吞了药物，一定尽快用手抠其舌根，让宝宝呕吐，然后到医院检查，注意一定要带上药瓶或药盒。

Q 女儿在楼下和小朋友一起玩，发生矛盾，她非拽着我回家拿零食，拿给小伙伴看，以此来吸引伙伴。我觉得她这样做不妥当，但是我该怎样和她讲呢？

A 首先要尊重宝宝的意愿。对于这么小的宝宝，朋友就是玩到一起的人，没必要说很多道理，告诉宝宝，让小朋友喜欢有很多方法，除了拿零食还可以想想别的，鼓励女儿自己想。另外要引导宝宝做真实的自己，告诉她可以不喜欢别人，别人也可以不喜欢她。

Q 我家宝宝在家里任性、霸道，在外面很想和小朋友一起玩耍，但又不敢，有时候小朋友抢了他的玩具，他也不敢出声，只是看着小朋友，然后和我们哭闹。怎么才能使宝宝胆子变得大一点呢？

A 在家里任性、霸道、稍不如意就大哭大闹，在外面却胆小、过分依赖家长，是很多独生子女的通病。主要是爸爸妈妈的宠爱过度导致的。

考虑到这个原因，妈妈对宝宝应该适当地放手，要鼓励宝宝做自己能做的事情，告诉他正确的做法，并适当给予鼓励。宝宝能力增强了，自信心就会跟着增强，胆子也会逐渐增大。平时，多让宝宝到户外活动，多与小朋友接触，练习社交能力。但宝宝与小朋友一起玩耍时，表现好的时候，爸爸妈妈可以对宝宝适当给予奖励。

Q 我家宝宝最近白天很少咳嗽，可一到晚上咳嗽就变得很严重。喝了止咳糖浆和小儿化痰止咳颗粒都没见好转，该怎么办啊？

A 如果只是晚上咳嗽，说明问题不是出自气管、支气管和肺部，应是鼻咽部。气管、支气管和肺部出现炎症，咳嗽应该 24 小时都会出现，而且白天更会重些。如果只是夜间咳嗽，特别是后半夜咳嗽应是鼻咽分泌物在平躺时倒流，刺激咽喉而引发咳嗽。应看耳鼻喉科，确定原因，对症治疗，仅服止咳药肯定不会见效。

Q 宝宝 2 岁 3 个月，最近几天经常说耳朵里在响，但是又不痛，不知道是什么原因，严重吗？

A 耳朵里有响声，同时又不疼，很可能是耳垢（耵聍）导致的。若是耳垢，可先滴软化耳垢的滴耳液 3~5 天，然后到医院取出已软化的耳垢。否则取耳垢过程会非常疼痛。一般耳垢与耳道正常分泌物有关，如果以前有过耳部感染，也容易出现耳垢。经常取出的耳垢为深褐色，是脓血性分泌物的干痂，说明宝宝曾经患过中耳炎。

Q 宝宝喜欢无理取闹，每次我都控制不住发火，事后又会经常自责，面对叛逆期的宝宝，我该怎么办呢？

A 2~3 岁的宝宝开始进入第一个叛逆期了，他们会用无理取闹的方式和父母对着干，显示他们的本事。如果父母显得非常急躁，大发雷霆，他会很得意，这正是他想要的，他觉得成功了。所以爸爸妈妈与其发火不如淡化宝宝的行为，也不要让无理取闹的宝宝"得逞"。

2岁4个月~ 2岁6个月 模仿能力棒棒的

"谢谢""您好""再见"等礼貌用语宝宝已经掌握了，有的宝宝已经能够很好地蹬小三轮车，但是不能很好地控制方向。随着大动作的发展，宝宝已经可以穿脱简单的开领衣服，出现了高级情思的萌芽，如做大人交给的简单事情，做完后会感到"完成任务"的自豪。

宝宝成长档案

生理指标	男宝宝	女宝宝
体重（千克）	10.3~16.5	9.9~15.8
身长（厘米）	83.2~98.4	82.3~97.3

宝宝发育特点

能说7个字以上的句子

会直接说出自己的需求

关注物品的细节

喜欢骑三轮车

喜欢折纸游戏

能感知爸爸妈妈的爱

育儿要点提醒

宝宝饭菜原则

少盐、少油、适当调味，不要太硬、不要太大。

口腔卫生习惯

1. 定期给宝宝做牙齿检查。
2. 少吃糖。
3. 3岁以内的宝宝不能使用含氟牙膏。

服驱虫药时注意事项

饮食应该定时、定量，多吃新鲜蔬果，多喝水，少吃易产气的食物。此外，还要注意饮食卫生。

预防感冒

1. 不要给宝宝穿太多的衣服。
2. 多给宝宝喝水。
3. 多到户外活动。

多点时间陪宝宝

这阶段宝宝喜欢和爸爸妈妈一起玩，希望爸爸妈妈多点时间陪自己，所以爸爸妈妈要在百忙之中抽出一定的时间陪宝宝，以增强亲子之间的感情。

膳食营养补给站

❀ 培养良好的饮食习惯

想要培养宝宝好的饮食习惯，爸爸妈妈首先要养成好的饮食习惯，不要忽视父母的榜样作用

让宝宝和大人一起用餐，可以促进宝宝的食欲

增加每餐的食物种类，各种蔬菜、肉、蛋、米面、粗粮、鱼虾类等，另外还可以增加每餐的颜色搭配，用色彩增加宝宝吃饭的欲望

吃饭的时间要固定

可以选择健康的零食，要减少零食中糖和脂肪的含量

让宝宝养成多喝水的习惯，牛奶、酸奶每天都要喝，少喝果汁，不喝碳酸饮料

不要只是给宝宝吃所谓高营养的食物

不要在饭桌上评论饭菜，不要宝宝还没吃，就说这个菜太甜、太辣之类的话

要尊重宝宝的饭量，不要强迫宝宝吃饭

不能满足宝宝不合理的饮食要求，不给宝宝吃快餐

别让宝宝吃得太饱

虽然已经2岁多了，但是宝宝全身各个器官还都处于一个幼稚、娇嫩的阶段，宝宝的消化系统器官所分泌的消化酶活力比较低，量也比较少。这时候，如果宝宝吃得过饱，会加重消化器官的工作负担，引起消化吸收不良。所以，宝宝并不是吃得越多越好，而是要有时、有量。另外，还要保证营养均衡和食物多样化。

饮食补充微量元素

从宝宝出生到现在，依然有很多家长都在为宝宝是否缺乏微量元素而发愁。一般只要每天保证均衡营养，不挑食、不严重偏食，宝宝都不会缺少太多微量元素，不会影响宝宝的正常生长。即使有轻微的缺失，那么也最好是通过食物来补充。补铁可以吃牛肉等红肉以及动物肝脏等食物。补锌可以吃动物肝脏、鱼、瘦肉等。

补充微量元素的注意事项

膳食纤维会影响铁和锌等微量元素的吸收，谷类、豆类、坚果类食物含有植酸，也会影响身体对微量元素的吸收。另外，如果过量摄入铁，会影响锌的吸收，如果摄入锌过量，又会影响铁的代谢。

牡蛎富含锌，宝宝可以适量食用，但是避免过量食用含铁的食物，否则会影响锌的吸收

宝宝营养食谱

多彩饭团

补充蛋白质

材料 米饭 50 克, 鸡蛋 1 个, 火腿、胡萝卜、海苔各 15 克。

做法

1. 米饭分成数份, 搓成圆形。
2. 鸡蛋煮熟, 取蛋黄切成末; 火腿、海苔切末; 胡萝卜洗净, 去皮, 切丝后焯熟, 捞出后切细末。
3. 在饭团外面分别粘上蛋黄末、火腿末、胡萝卜末、海苔末即可。

蔬菜煎饼

材料 胡萝卜、青菜各100克，面粉200克，鸡蛋1个。

调料 盐2克，植物油适量。

做法

1. 胡萝卜去皮，洗净，切丝；青菜洗净，切成细丝；鸡蛋打散，搅匀成蛋液。

2. 在面粉中加蛋液、胡萝卜丝、青菜丝、盐和适量水，搅拌成面糊状。

3. 平底锅置火上，倒入植物油，将面糊分多次用小火摊成薄饼即可。

科学护理指南

保护好宝宝的牙齿

培养宝宝良好的口腔卫生习惯

宝宝2岁以后，就可以培养他自己动手漱口、刷牙了。妈妈要对宝宝有信心，多鼓励宝宝去做，不要怕他做不好。要知道宝宝是有很大潜力的，只要妈妈肯放手让宝宝尝试，宝宝很快就能掌握。一定要让宝宝养成饭后漱口、早晨起床后及晚上睡觉前刷牙的习惯。

定期给宝宝做牙齿检查

爸爸妈妈要重视宝宝牙齿的健康检查和保健，每3～4个月就要带宝宝看一次牙医，及时发现和治疗是预防龋齿扩展的有效方法。

少吃糖

让宝宝少吃甜食，尤其是要少吃甚至不吃糖，这对预防龋齿有一定的作用。但同时要注意，不仅是糖，残留在牙齿间的所有食物，都有引起龋齿的可能，所以，在不吃糖的同时，还必须保持牙齿的清洁。

3岁以内的宝宝不能使用含氟牙膏

牙齿表面的釉质与氟结合，可生成耐酸性很强的物质，所以，为了预防龋齿，很多牙膏里都加入了氟。含氟牙膏对牙齿虽然有保护作用，但是对2～3岁的宝宝来说，他们的吞咽功能尚未发育完善，刷牙后还掌握不好吐出牙膏沫的动作，很容易误吞，导致氟摄入过量。

妈妈可以给宝宝选择漂亮的牙刷和牙杯，吸引宝宝刷牙的兴趣

服驱虫药时应注意饮食调理

1. 目前的驱虫药不需要严格忌口，在驱虫后可吃些富有营养的食物，如鸡蛋、豆制品、鱼、新鲜蔬菜等。

2. 驱虫药对胃肠道有一定的影响，所以饮食要特别注意定时、定量，不要过饱、过饥，过量的营养反会使胃肠道功能紊乱。

3. 服驱虫药后要多喝水，多吃含膳食纤维的食物，如坚果、芹菜、韭菜、香蕉、草莓等。水和植物纤维素能加强肠道蠕动，促进排便，可尽快将被药物麻痹的肠道寄生虫排出去。

4. 要少吃易产气的食物，如萝卜、红薯、豆类，以防腹胀。也要少吃辛辣和热性的食品，如茶、咖啡、辣椒、狗肉、羊肉等，因这些食物会引起便秘而影响驱虫效果。

5. 钩虫病及严重的蛔虫病多伴有贫血，在驱虫后应多吃些红枣、瘦肉、动物肝脏、鸡鸭血等补血食品。

6. 在夏季进食生冷蔬菜和水果最多，感染蛔虫卵的机会大，到了秋季，幼虫长为成虫，都集中在小肠内，如此时服驱虫药可收到事半功倍的效果。

育儿直通车

常听一些家长说，宝宝打虫药也服过了，但不见蛔虫打出。蛔虫有遇到酸性食物就容易变软的特性，因此宝宝服用驱虫药后，如果能吃一点具有酸味的食物，如乌梅、山楂、食醋等，有利于蛔虫的排出。

幼儿感冒处理方法

宝宝现在已经2周岁了，现在的宝宝基本具有了自己的抵抗力，可以对抗一些外部的病菌的侵袭。不过，让很多妈妈头疼的是，现在宝宝更加容易患流行性感冒了。

现在宝宝要开始准备入园了，很多宝宝一进入集体生活环境，就很容易出现呼吸道感染。这是因为集体环境中，宝宝们在一起玩耍、吃饭，接触是很紧密的，只要其中一个宝宝生病，那么就有可能会引发其他宝宝生病。

当然还有其他的一些原因，比如衣服穿得过多或者过少，喝水少，等等。

为了防止宝宝经常发生感冒，在平时的护理中，妈妈就要多加注意。

不要给宝宝穿太多衣服

很多妈妈在宝宝去幼儿园的时候，害怕宝宝着凉，就会给宝宝裹上好几层衣服，尤其是在秋冬季，孩子都快穿成一个球了。

但是，宝宝在玩耍的过程中，因为衣服太多，就容易出很多汗。出汗以后，里面的衣服就会潮湿，在外面遇到冷风一吹，那么，就会很容易着凉感冒。

多给宝宝喝水

宝宝在婴儿时期，一直都是在家中由妈妈精心地照顾，会准时安排宝宝吃饭喝水，这些生活习惯都是很有规律的。等到了幼儿园，虽然老师会按时给宝宝发水喝，但是也不可能像在家里面一样随时都有人看护，所以，很多宝宝在幼儿园中喝水要少很多。

为了保证宝宝的饮水，在家中就要多给宝宝进行训练，可以把水放在固定的地点，提醒宝宝自己喝水，定时让宝宝喝水。

多到户外活动

一到了秋冬季，宝宝在户外的活动就会越来越少。很多宝宝很少接触冷空气，所以不能够及时适应天气的变化，一旦接触到寒冷的空气之后，就会出现一些呼吸道疾病。

为了减少这样的情况，就要让宝宝平时多到户外进行活动，感受天气的变化，等宝宝慢慢地适应之后，就会减少呼吸道感染的概率了。

没耐心

很多妈妈会反映，家里的宝宝从没好好坐在那儿自己玩玩具，总是东跑西跑的，一刻也停不下来，玩积木的话，他喜欢叠高，可是一倒塌他就明显烦躁起来，把积木都一个个扔掉。妈妈就会觉得自己的宝宝没有"耐心"。

不要以"耐心"或安静地坐着来要求2岁多的宝宝，这不符合宝宝的特性。这个年龄的宝宝就是会动个不停，你要做的不是让宝宝能自己安静地玩，而是引导宝宝玩，和他一起玩。只有让宝宝会玩、玩得好，才会有玩的兴趣；有玩的兴趣就会专注地玩下去。宝宝玩一会儿就不喜欢玩了，只能说明这游戏不能吸引宝宝的兴趣。

记性力不好

一般来说，宝宝的记忆力是不会有问题的，家长不要随意给宝宝"扣帽子"，更不要经常数落或责骂宝宝说他的记忆力不好，说他笨，宝宝很容易从他人对自己的评价中来认识自己，如果家长经常说他笨，说他记性差，会使他对自己失去信心，真的变得"笨"了。家长要知道，宝宝的记忆特点往往是积累式和爆发式的，很多时候看似没学没记，突然某天却发现宝宝竟然都会了，所以家长在进行教育时，要以一种快乐的、积极的心态进行。

宝宝经常会玩搭积木，但是宝宝要想搭高积木，还是需要耐心的

宝宝智力加油站

连连看

 方法
1. 将图画纸分成两半，中间画线隔开。
2. 在线的两边按不同顺序分别画出相同形状的图案。
3. 引导宝宝将相同的图案用铅笔连起来。
4. 训练中，可以边玩边告诉宝宝图案是什么形状，如三角形、四边形、五角星等。
5. 反复进行这种训练，让宝宝认出其中的1~2个图案的形状。

 目的
发展宝宝对图形的辨别力、知觉能力，从而提高宝宝的右脑形象思维能力。

 专家指导建议

　　尽量让爸爸也多陪宝宝进行这项训练。研究表明，多和爸爸玩游戏的宝宝，左右脑的发展比较均衡，头脑也比较聪明。

记忆能力

宝宝会自我介绍了

1. 每次带宝宝上街时，家长都要有意识地让宝宝看看门牌号，并让宝宝看看是第几个门，在小区楼前再让宝宝看看是第几座楼，或者让宝宝记住小区的名字。

2. 走出胡同口时，让宝宝记住胡同口的名称，或者记住这条街道有什么标志性的建筑物。比如第一次出门，先让宝宝记住自己所住的楼层，第二次出门让宝宝记住小区和胡同口的名称，第三次出门让宝宝记住街道的名称。

2 周岁后的宝宝已经有了比较鲜明的自我意识，而且有自己的主见，并能长时间专注自己感兴趣的事物。

专家指导建议

父母教宝宝做自我介绍，从另一种含义上属于安全教育。

买水果

方法 妈妈提前将准备好的一些玩具水果或水果卡片放在桌子上，让宝宝来买水果。让宝宝说出名称，说对了就给宝宝，说不对就不给宝宝，如有剩下的几种水果宝宝认不出来，就教宝宝辨认。

 专家指导建议

水果的种类可以不断变换，来保持宝宝的兴趣。当宝宝买对了水果的种类时，妈妈要及时给予鼓励。

目的 通过这个训练能提高宝宝的语言表达能力和认知能力。

语言能力

宝宝能力测评

1. 能双脚离地跳。	是☐	否☐
2. 会骑三轮车。	是☐	否☐
3. 会画规则的线条、圆圈等。	是☐	否☐
4. 能分辨上下、里外，知道大小等。	是☐	否☐
5. 能用动作和语言表示眼前所没有的东西。	是☐	否☐
6. 能指出身体的多个部位。	是☐	否☐
7. 会扒开裤裆坐便盆。	是☐	否☐
8. 禁止做的事情知道不去做，有一定控制力。	是☐	否☐
9. 喜欢同1~2个好朋友玩，但容易发生冲突。	是☐	否☐
10. 自己会穿松紧带的裤子，会扣上和解开纽扣。	是☐	否☐

评分结果

答是加1分，答否得0分。
9~10分，优秀；7~8分，良好；5~6分，
一般；5分以下，宝宝需要加强训练。

育儿疑问专家连线

Q 宝宝每逢被责备的时候，都一声不吭地呆呆看着我，我该怎么应对呢？

A 宝宝会出现这种情况，应该是你责备宝宝的时候比较多而且比较严厉，宝宝害怕你会采用更可怕的方式来惩罚他，所以才会这样。碰到宝宝做错的时候首先想到的不是去责备他，而是应该陪着他一起找出错在哪儿，然后引导他应该怎么纠正已经犯下的错，以后应该怎么避免才行。

Q 今天宝宝非要去玩危险品，我马上阻止并抱开了他，结果他大哭特哭，挣扎着要脱离我。我不让他走，他就张口来咬我，并发出狂吼声。我特别诧异他怎么会发这么大的脾气，我又该怎么办呢？

A 所谓危险品是我们大人的认知，宝宝只是对它感到好奇。宝宝的好奇心与探索欲是宝宝学习的动力。如果确实是危险品，那就要放在宝宝拿不到的地方，不要等宝宝要去碰时才拿开。宝宝会咬你吼你是因为你不接纳他的情绪，也没教会他如何表达。作为家长，这种情况下你应该允许宝宝哭，用理性去接纳他。

Q 我家宝宝2岁半了，最近不知道为什么，经常流鼻血，这个月已经出过4回了，这是怎么回事？该怎么应对？用不用去医院看看呢？

A 经常莫名出鼻血，需要就医检查。

宝宝出鼻血的原因很多，有鼻子本身的原因，如鼻腔内发炎、鼻外伤引起的血管破裂；还有全身方面的原因，如畸形、传染病、发热、血液病等。所以当宝宝流鼻血的时候，需要到医院检查，找出原因，对症治疗。

流鼻血正确的处理方法是：将宝宝取坐位或半坐位，头略向前倾，避免血液呛入呼吸道。然后，用冷毛巾敷头部，用手指在鼻翼上压3～5分钟即可。

Q 我女儿 2 岁 5 个月，做了不对的事情我给她指出来，并阻止她继续做，她会对我大吼，还会扔东西。爸爸妈妈应该怎样引导呢？

A 改变宝宝应该从改变自己开始。如果爸爸妈妈没教会宝宝如何恰当地表达，甚至做了坏的榜样，那也不能指望宝宝能做多好。另外，家长应该多告诉宝宝该怎么做，而不是告诉他不该怎么做。

Q 宝宝 2 岁半了，最近经常出现口腔溃疡，他平时也不爱吃蔬菜和水果，是不是要额外给他吃点维生素呢？

A 宝宝出现口腔溃疡多数是由上火引起的，说明他在平时吃的蔬菜、水果都不够。在这种情况下，不能单单指望用复合维生素，而是应该从预防口腔溃疡着手。首先应该先从调整饮食习惯开始，平时多给他准备一些新鲜的蔬菜套餐等。一般情况下，维生素 C 和 B 族维生素可以预防口腔溃疡，但是不能起到治疗的作用。

Q 2 岁半的女宝宝，非常乖巧。在早教班滑滑梯的时候会和后面的小朋友说"等一会儿啊"，有小朋友来抢玩具的时候会说"我等一会儿给你玩"，然后很快就会把玩具给对方，非常友好。可是遇到特别霸道的小朋友，一把推开她，或者硬抢走她的玩具，她就眼泪汪汪地求救于我，请问我该怎么安慰她呢？

A 你家女儿的表现非常好。她在遇到自己不能解决的问题时能向你求助，这也是个"能力"。2~3 岁的宝宝在处理人际关系的问题时，爸爸妈妈就是她的支柱。她觉得委屈，你的宽慰和鼓励，会让她重新鼓起勇气去面对。你可以只是抱抱她，告诉她："没关系，让给他玩，我们去玩别的。"

有时依赖人，有时闹独立

这时期，宝宝妄想独立，但由于经验不足又独立不起来，面对别人的照顾又不领情，让人着实头疼。宝宝身上会表现出明显对立的特点：可爱和可恶并存，大方和自私共生，时而要依赖，时而要独立。

宝宝成长档案

生理指标	男宝宝	女宝宝
体重（千克）	10.8~17.2	10.3~16.8
身长（厘米）	85.4~100.6	84.5~99.7

宝宝发育特点

会用"我们""他们""花儿们"这些复数名词

认识更多的颜色

能够辨别周围人的性别、年龄

会临摹一些图画

会自己穿外套

会关注周围人的情绪

🚼 育儿要点提醒

宝宝吃水果的原则

吃水果的时间最好在饭后两小时或在餐前1小时左右。吃水果最好不要饭前空腹吃或是饭后立即食用。鱼虾和水果最好分开食用，至少应在吃过鱼虾两小时后再吃水果，这样有利于水果的消化吸收。

改善口吃窍门

口吃常常与宝宝的性格有关，开朗、大方、乐观、自信的宝宝即便有口吃，但他注意力不集中在口吃上，而是放在所表达的内容和参与的活动中，不把"口吃"当成自己的问题，一般都能很快改善。

宝宝泌尿道感染的预防和护理

因为宝宝许多器官发育尚不完善，免疫功能差，抗病能力也差，皮肤薄嫩，细菌容易入侵。宝宝输尿管细而长，管壁纤维发育差、容易扩张而发生尿潴留及感染。看管好宝宝不坐地、不穿开裆裤，每日换洗内裤，对减少发病有一定帮助。

宝宝光看电视不愿吃饭怎么办

如果强制宝宝不许看电视，宝宝会不高兴，因此应尽量把吃饭时间安排在宝宝喜欢的节目演完后。宝宝看的节目一般时间为15~30分钟，可以等宝宝看完再吃饭。还要经常跟宝宝讲，长时间看电视容易影响视力。

膳食营养补给站

宝宝要做到营养均衡

小米

玉米

红薯

A 类食物

主要是富含糖类的米饭、面条等主食

大米

燕麦片

面粉

香菇

海带

西蓝花

B 类食物

主要是富含维生素、矿物质的可用来烹调菜肴的蔬菜和水果

番茄

橙子

菠菜

苹果

鱼

牛奶

C 类食物

主要是富含蛋白质的可用
于烹调各种汤的鱼类、肉
类等

虾

鸡蛋

豆腐

肉类

宝宝饮食要"四少"

给宝宝做饭，爸爸妈妈要严格遵守"四少"原则：少盐、少糖、少油、少肥肉。把握好这个原则可以有效防止宝宝厌食、营养过剩等情况。另外，要养成让宝宝常喝水的好习惯，不能用饮料代替水。

少给宝宝吃反季节蔬果

爸爸妈妈们尽量不要给宝宝吃反季节的水果、蔬菜。这些蔬果看着超级诱人，但是对宝宝的身体健康非常不利。

如今反季节蔬果随处可见，行内人一语道破玄机：这大多是用了催熟剂或激素类化学药剂的，一株果树从幼苗至成熟，可以使用一至十几种激素，使用较多的是番茄、葡萄、猕猴桃和草莓等。而养殖业使用激素催生饲料，也是行业内的"潜规则"。

要想让宝宝完全远离激素不太可能，这就需要爸爸妈妈们尽量少买反季节蔬果。蔬果食用前最好先用清水浸泡 5 分钟，然后用水冲洗可去掉大部分农药。叶菜类的菜梗与茎相接处、果蒂、卷心菜外面几层，都容易积农药，买来后应切除或清水久泡一会儿。

宝宝营养食谱

鲜汤小饺子

促进生长发育

材料 小饺子皮10个，肉末30克，白
菜50克。

调料 鸡汤、盐各少许。

做法

1. 白菜洗净，切碎，与肉末和盐混合搅
拌成饺子馅。

2. 取饺子皮托在手心，把饺子馅放在中
间，捏成饺子。

3. 锅内加适量水和鸡汤，大火煮开，放
入饺子，盖上盖煮开后，揭盖反复加
3次凉水分别煮开即可。

鸡肉凉菜

材料 熟鸡肉 20 克，胡萝卜、白萝卜各 50 克。

调料 酱油适量。

做法

1. 将熟鸡肉撕成细丝，胡萝卜、白萝卜煮熟后切成细丝。
2. 把上述材料拌在一起，加入酱油调味即可。

科学护理指南

宝宝口吃应对措施

2～3岁的宝宝正处在学话期，出现口吃也是很正常的现象。同样，口吃也最容易在这个年龄被纠正。想要纠正口吃，首先要区分口吃现象与口吃病。

口吃现象是人在感情激动或精神紧张时，因对神经中枢的干扰所出现的短暂语言不流畅现象，而口吃病则是由于心理病症所导致的一种症状。大部分宝宝口吃都属于口吃现象，以下的纠正方法也主要针对口吃现象。如果宝宝的口吃现象持续半年以上，而且经过纠正还没有改善，就应该接受专门的语言疗法治疗。

1. 家长不要急于纠正宝宝的发音，也不要责骂宝宝。你可以用简单的、清晰的、缓慢的、流畅的语言进行示范，可以每天反复练习。

2. 如果宝宝口吃只是因为太兴奋、太害怕，或者表达某些事物不流利，家长要做的只是忽略宝宝的口吃，给宝宝一个放松的对话空间。

3. 及时制止宝宝模仿口吃的大人说话，并且告诉宝宝这样的模仿非常不好。

4. 面对口吃的宝宝，家长不能随便更换宝宝的生活环境，不能在陌生人或许多人面前指责宝宝、批评宝宝，也不要对宝宝的语言和行为提出过高的要求。

5. 爸爸妈妈要多去听他说的内容，而不要把关注点放在宝宝话说得怎么样上。当宝宝急着开口时，父母可以耐心地听他把想表达的意思表达出来，不要着急提醒、不要催，也不要说："不着急，慢点说。"这也会让宝宝觉得爸爸妈妈在催促他，也会增加宝宝的压力。

口吃常常也与宝宝的性格有关，开朗、大方、乐观、自信的宝宝即便有口吃，但他注意力不集中在口吃上，而是放在所表达的内容和参与的活动中，不把"口吃"当成自己的问题，一般都能很快改善。

宝宝在唱歌、朗读、讲故事时往往不容易口吃，因为这些语言都具有一定的节奏，当宝宝投入故事里的时候，他会很专注和放松，可以有效地缓解宝宝的口吃。

宝宝外出应做好的准备

1. 毯子：宝宝经常会在外面睡着，及时用毯子盖好可避免着凉。

2. 被单：用来遮阳、挡风。

3. 遮阳帽：避免宝宝眼睛受阳光直射。

4. 宝宝包：包内有纸巾、湿纸巾、纸尿布、奶粉、奶瓶、水瓶、热水壶、一套换洗衣服（出门1小时以上）、家庭电话。

5. 宝宝车或宝宝背带：如带宝宝乘坐汽车，最好准备宝宝汽车座椅，并根据说明书将宝宝汽车座牢固地安装在汽车后排座位上。如不使用宝宝汽车座椅，大人应抱着宝宝坐在后排，万万不可坐前排。

潮妈育儿新招

带盖吸盘碗
——将碗牢牢吸在桌面上

这种碗底座设计有吸盘，能将碗牢牢地吸附在桌面上，克服了自己吃饭的宝宝容易将碗内的食物倾倒的难题。还带有防热手柄及独立的密封盖，便于存储和携带宝宝的食物。

奶爸育儿经

走　线

爸爸在室外的大空地上写上一个大大的"田"字，让宝宝在笔画线上跑，宝宝一边跑，爸爸一边在线上追和堵，要求宝宝一定要沿线跑动。爸爸应根据宝宝跑动的速度来调整自己的追堵速度，这能锻炼宝宝的敏捷度和平衡力。

➕ 家庭医生

✿ 干咳和湿咳

咳嗽，有坏的方面也有好的方面，这也是人体的一种防御能力。

我们的呼吸系统表面都有黏膜，而所有的黏膜都会有分泌腺，当呼吸系统受到刺激之后，分泌腺就会增加分泌。呼吸道黏膜上还有很多绒毛，在分泌物出现之后，绒毛就会加速摆动，为的就是将分泌物推到肺外，在往外摆的过程中，会导致呼吸加速，气流快速外排，这样就形成了咳嗽。

一般情况下，从表现来区分，咳嗽分为干咳和湿咳两种。

干咳

干咳是指没有痰的咳嗽，通常是刺激性咳嗽，比如得了喉炎、突然闻到强烈的气味、大哭大笑之后吸入了异物，这些情况会引发对上呼吸道的刺激，造成咳嗽。

湿咳

湿咳是指咳嗽并带有痰，而咳嗽就是为了往外排分泌物。

浅咳和深咳

咳嗽还可以分为浅咳和深咳，这两者的部位不同，性质也不同。

浅咳一般就是在嗓子里有痰或刺激物时咳，深咳是在气管、支气管或者肺里有痰或刺激物时咳。浅咳从声音上听，咳嗽的频率很快，听起来很短促；深咳，咳一次的时间要相对长。

浅咳和深咳不能够用分泌物的多少来判断，因为浅咳和深咳都会有分泌物，我们从鼻子、咽喉到气管、肺部，都有分泌腺，所以哪种咳嗽都会有分泌物。

从痰多少、鼻涕多少区别

浅咳时宝宝会出现痰多、鼻涕多，一咳嗽就会带出一些痰，因为浅咳咳出的是上呼吸道分泌物，这些都是比较容易咳出来的，一般病情不太严重。

深咳的部位会比较靠下，宝宝可能不能够将痰咳出来，这个时候宝宝就会看起来咳得很费劲，而且咳完之后没有轻松的感觉，这是比较严重的。

从咳嗽时间区别

浅咳的宝宝，在白天咳嗽的时间会比较少，主要就是流鼻涕，到了晚上的时候咳嗽会比较严重。这主要是因为到了晚上睡觉的时候，宝宝要平躺着，嗓子会处在一个低的位置，鼻腔里的分泌物不能通过鼻腔顺利排出，就会流到嗓子里，刺激嗓子引发咳嗽。很多妈妈看到这样的情况，就会觉得宝宝的病情加重了，这个想法也是错误的。

深咳的情况不分白天晚上，咳嗽都是一样的，有的宝宝甚至是白天咳嗽得更厉害，到了晚上会相对较轻一些。

宝宝智力加油站

熊宝宝分饼干

方法 一家三口围坐一圈，在桌子上摆一盘饼干。跟宝宝说："我们过家家喽。"然后，妈妈拿起一块饼干说："我吃一块。"拿一块给宝宝说："给宝宝一块。"再拿一块给爸爸说："给爸爸一块。"让宝宝扮演小熊，按照妈妈的做法分饼干，然后爸爸再分。

 目的 让宝宝学会分享。

 专家指导建议

宝宝给爸爸妈妈分饼干时，爸爸妈妈要谢谢宝宝，并且要夸奖宝宝："宝宝会和爸爸妈妈分享饼干，宝宝真棒！"

明星秀

方法 妈妈和宝宝一起看一小段动画片或广告，然后和宝宝一起讨论电视里看到的画面。妈妈要鼓励并引导宝宝把动画片或广告中的主要情节表演出来，宝宝表演完之后，妈妈要用掌声给予鼓励。

目的 锻炼宝宝的社会交往能力和语言表达能力。

专家指导建议

通过表演，能锻炼宝宝的社会交往能力和语言能力，能让宝宝熟练运用各种生活语言，妈妈要鼓励宝宝多做。

社交能力

找盖子

方法 和宝宝坐在地毯上，拿出所有有盖的空纸盒；将所有盖子排成一排，让宝宝将盖子和盒子配对，并鼓励宝宝将盒子盖上。

专家指导建议

尽量选择颜色、大小都不相同的盒子，便于宝宝更好地区分。

目的 锻炼宝宝解决问题的能力。

育儿疑问专家连线

Q 儿子2岁8个月刚送了幼儿园，第一周还不错，但这两天早上都不起床，好不容易起了床就一直嚷嚷着不要去幼儿园，都是哭着去的，然后哭着被老师抱走。不过老师说儿子在园里表现挺好的，就早上哭一会儿，这应该是分离焦虑期，可是我该怎么做呢？

A 家长要知道分离焦虑并不是宝宝单方面的事情，妈妈的态度和妈妈说话所造成的心理暗示往往才是宝宝焦虑的主要原因。在宝宝不适应的初期，妈妈"轻松自然"的态度和妈妈的"微笑"是宝宝的镇静剂。帮宝宝度过分离焦虑期，最关键的是要让宝宝感觉到妈妈离开他并不是不爱他了，这方面做得好，就能够缩短宝宝的适应期。

Q 宝宝从断母乳后开始便秘，现在都2岁9个月了，还是3天拉一次，大便有些干，怎么办呢？

A 这么大的宝宝便秘，要从饮食上进行调节，要多吃蔬菜水果、多喝水、多运动。另外，每天喝些酸奶也可以缓解便秘。

Q 我儿子现在2岁8个月，不知道为什么只要他爸爸靠近他，他就连打带踢，而且别人不能对他说"不"，一说他就打人或者哭，这是怎么回事呢？

A 现在宝宝正处在自主意识敏感期，此时的他总是在探索自己的能力，尤其是想要尝试"不这么做会怎样"的结果。大人不理解他的这种体验需求，总以自己的意愿对他的行为指手画脚，总是因他淘气、不听话而训斥他。这样做的结果，要么宝宝就变得什么都不敢学不敢做，要么就变得更加不听话，或者用自己的方式来保护自己。如果家长懂得宝宝这个时期的特点，不要总是说不做什么，而是多告诉宝宝可以做什么，效果会好很多。

Q 男宝2岁9个月了，从2岁半开始带宝宝去上早教课，但是在课堂上老师请他给大家表演，他始终不愿意；他很喜欢早教班，但就是不愿意参与互动，我担心他到了幼儿园没法适应，我该怎么引导他呢？

A 对于宝宝的教育和成长，家长不用太心急，宝宝需要时间和空间成长，他在活动的体验中积累经验，逐渐提高自己的学习能力和内心力量。作为家长，在陪伴和引导他前进的同时，也要学会发现和分享他的进步，并给予肯定、鼓励，这样他就会更加自信。

Q 我想问一下，宝宝是不是应该上早教班呢？如果上的话多大开始上合适呢？

A 做早教是有意义的，但并非一定要上早教班。很多家长认为早教就是对"宝宝智力的培养"，这种想法是片面的。早教更应该注重宝宝的全面发展，尤其要注意培养儿童的良好品德，3岁时所具有的道德品质，对今后一生都有深远的意义。对于0~3岁的宝宝来说，大部分时间在家人的陪伴下度过，所以家庭环境的影响非常重要，也是开展早期教育最主要也是最重要的场所。

Q 我家男宝很爱哭，他做错事，我一不理他，他就哭着跟我道歉：妈妈，对不起，我错了！我觉得男宝宝这么爱哭不太好，我该怎么教育他要坚强呢？

A 宝宝爱哭并不代表不坚强，爱哭而且做错事光会道歉，那是长期养成的习惯。主要是他不知道怎样和你沟通，哭和道歉已经成为引起你注意的手段，他关注的只是妈妈的反应，而不是做了什么错事或什么是错事，所以想要改变宝宝的这种行为，妈妈首先要懂得怎样和宝宝好好沟通，不要宝宝一做错事就不理宝宝，而是要告诉宝宝他做错了什么，为什么错。

能自由踢球玩了

宝宝运动能力越来越强了，学会了用脚踢球玩，还喜欢从高处往下跳，也尝试着从低处往高处蹦，喜欢和小朋友一起自由地奔跑。

宝宝成长档案

生理指标	男宝宝	女宝宝
体重（千克）	11.1~17.9	10.8~17.7
身长（厘米）	87.6~102.8	86.6~102

宝宝发育特点

已经可以和他人进行流畅的对话了

开始试着说一些复合句

会看、会听、会闻、会摸、会感受

走、蹲、跑、站、摸、爬、滚、登高、跳远、跳跃障碍无所不能、无所不会

喜欢画画、堆积木、捏橡皮泥、折纸、玩电动玩具

愿意参与同龄伙伴的活动

 **育儿要点提醒**

良好的饮食习惯

1. 饭前做好就餐准备。
2. 吃饭时不挑食、不偏食、不暴饮暴食。
3. 饭后洗手漱口，帮助父母清理饭桌。

控制好饮料的量

在给宝宝喂饮料的时候要掌握好量。1岁前的宝宝一天喂两次，一次50毫升；1岁后一天喂两次，一次喂100毫升即可。

及时补充营养素

为了保证宝宝的身体健康，妈妈要及时给宝宝补充糖类、蛋白质、矿物质、维生素、脂肪等营养素。

宝宝"自私"爸妈该怎么办

爸爸妈妈既要教会宝宝支配自己的东西，又要教会宝宝享受与伙伴一起玩耍的乐趣，同时，爸爸妈妈平时也要主动将自己的东西分享给宝宝，让宝宝感受到分享的快乐。

纠正宝宝口出脏话

1. 冷处理，当宝宝口出脏话时，既不打他，也不和他说道理，假装没听见。慢慢地，宝宝觉得没趣自然就不说了。
2. 解释说明，尽量让宝宝理解，粗俗不雅的语言为何不被大家接受，脏话传递了什么意义。
3. 正面引导，爸爸妈妈要随时提醒宝宝，告诉他要克制自己，不说脏话，做个有有礼貌的乖宝宝。

膳食营养补给站

注重对宝宝从小良好饮食习惯的培养

饮食习惯不仅关系到宝宝的身体健康，而且还关系到宝宝的行为品德，家长应给予足够的重视。对于宝宝来讲，良好的饮食习惯包括：

饭前做好就餐准备

按时停止活动，洗净双手，安静地坐在固定的位置等候就餐。

吃饭时不挑食、不偏食、不暴饮暴食

要饮食多样化，荤素搭配，细嚼慢咽，食量适度；吃饭时注意力要集中，专心进餐；不边玩边吃、不边看电视边吃、不边说笑边吃。爱惜食物，不剩饭。

此外，还应培养宝宝独立进餐、喝水和控制零食的好习惯。

家长本身应保持良好的饮食习惯，为宝宝树立好榜样。其次还应为宝宝创造良好的就餐环境，准备品种多样的饭菜，掌握一定的原则，及时表扬和纠正宝宝在饮食中的一些表现。经过日积月累的指导和训练，宝宝就会逐渐养成良好的饮食习惯。

宝宝饮料的选择

一般给宝宝的饮料要挑选不含咖啡因、色素、磷酸盐、香薰料、糖分的。橘子或番茄等为主原料的果汁有过敏的危险，要谨慎喂食。用茶或谷类制作的饮料，如果是两种以上的主原料混合制成，仍有过敏和消化不良的危险，最好在1周岁以后再喂。

另外，在给宝宝喂饮料的时候要掌握好量。1岁前的宝宝一天喂两次，一次50毫升；1岁后一天喂两次，一次喂100毫升即可。

保证锌元素的摄入量

缺锌的表现

1. 短期内反复患感冒、支气管炎或肺炎等。

2. 经常性食欲差，挑食、厌食、过分素食、异食（吃墙皮、土块、煤渣等），明显消瘦。

3. 生长发育迟缓，体格矮小（不长个）。

4. 易激动、脾气大、多动、注意力不能集中、记忆力差，甚至影响智力发育。

5. 视力低下、视力减退，甚至患夜盲症，适应能力较差。

6. 头发枯黄易脱落，患佝偻病时补钙、补维生素 D 效果不好。

7. 经常性患皮炎、痤疮，采取一般性治疗后效果不佳。

《中国居民膳食营养素参考摄入量速查手册（2013 版）》推荐的每天锌摄入量：

0～6 个月宝宝：2.0 毫克

6 个月～1 岁宝宝：3.5 毫克

1～3 岁宝宝：4.0 毫克

锌补够了没，一眼就知道

50 克虾仁约含 2 毫克锌

50 克牡蛎约含 4.7 毫克锌

宝宝早餐怎么吃能满足营养需要

给宝宝做早餐不是一件容易的事，原因是宝宝早晨刚起床时，食欲最低。另外，父母忙着上班，早晨没有太多的时间。不过，早餐是宝宝一天精力的基础，千万不能凑合，要有合理的营养配比才可以呀！

1. 早餐的营养素要全面。一般要有汤，如米粥、牛奶、豆浆；有主食，如面包、馒头、面条、油条等；有蛋白质丰富的食物，最方便的是鸡蛋、火腿肉；再配以适量的蔬菜等，如一个西红柿或一根黄瓜即可。

2. 早餐要吃饱。主食应在 50 ～ 100 克，一个鸡蛋加汤、菜基本上可以满足宝宝一上午的营养需要。

宝宝营养食谱

芝麻南瓜饼

补充糖类

材料 南瓜 500 克，面粉 100 克。

调料 黑芝麻少许，白糖、植物油各适量。

做法

1. 将南瓜削皮、去瓤，切成小块。

2. 南瓜用水煮至熟透，沥干水分，然后用勺子碾碎，加入面粉、白糖，搅拌均匀。

3. 将和匀的南瓜拍成圆饼状，在一个小碗里倒入适量黑芝麻，将南瓜饼的表面粘上芝麻；锅内倒油，八成热时放入南瓜饼煎熟，装盘即可。

胡萝卜拌莴笋

防治缺铁性贫血

材料 胡萝卜50克，莴笋100克。

调料 盐2克，香油少许。

做法

1. 胡萝卜洗净，去皮，切菱形片；莴笋洗净，去皮，切菱形片。

2. 锅内倒水烧沸，放入胡萝卜片和莴笋片焯熟，然后捞出沥干水分。

3. 将胡萝卜片和莴笋片放入碗中，加盐、香油拌匀即可。

科学护理指南

宝宝"自私"的应对措施

爸爸妈妈的榜样作用

当宝宝想要碰一碰你的东西时，要尽量满足他的愿望。如果宝宝想要玩的是比较贵重的物品或者是易碎、易坏的物品，你也不能大声吼"不要碰""不可以"，你的这种反应会让宝宝认为你不愿意与他分享。这个时候，爸爸妈妈最好允许宝宝在你的陪伴和协助下摸一摸这些物品，并且要告诉宝宝轻拿轻放，看完后要还给爸爸妈妈。

不能要求宝宝分享所有东西

每个宝宝都有自己特别珍贵的东西，妈妈没必要强迫他把所有的东西都拿出来与人共享，要允许宝宝决定哪些特殊的玩具不给别的小朋友玩，只有让宝宝真正拥有支配自己东西的权力，才能让他更乐于分享。

要教会宝宝用协商解决问题

当你的宝宝和另一个小朋友因为争抢一个玩具而发生冲突时，你可以告诉他用协商的办法解决矛盾。例如，当宝宝想要玩别的小朋友手中的玩具时，建议他用自己的玩具和那个小朋友交换，让宝宝明白与人分享其实很容易。

奶爸
育儿经

一起玩沙子

天气好的时候，爸爸可以带着宝宝一起到户外玩耍。带上一个小桶、一把小铲子，陪着宝宝一起挖沙、运土、搭城堡，将会是非常好的一次体验。不用担心会把宝宝的小手、小脸还有衣服弄脏，只要注意沙子不要被风吹到宝宝的眼睛里就可以。这个游戏最适合在春夏进行，阳光明媚、万物复苏，是带宝宝去户外玩耍的最佳时机，这个游戏小女孩也可以玩！

宝宝说脏话来源于模仿

宝宝往往没有分辨是非、善恶、美丑的能力，还不能理解脏话的意义。如果在他所处的环境中出现了脏话，无论是家人还是外人说的，都能成为宝宝模仿的对象。宝宝会像学习其他本领一样，学着说并在家中"展示"。如果爸爸妈妈这时不加以干预，反而默许，甚至觉得很有意思而纵容，就会强化宝宝的模仿行为。

宝宝说脏话应对策略

冷处理

当宝宝口出脏话时，爸爸妈妈无须过度反应。过度反应对尚不能了解脏话意义的宝宝来说，只会刺激他重复脏话的行为。他会认为说脏话可以引起你的注意。所以，冷静应对才是最重要的处理原则。不妨问问宝宝是否懂得这些脏话的意义，他真正想表达的是什么。也可以既不打他，也不和他说道理，假装没听见。慢慢地，宝宝觉得没趣，自然就不说了。

解释说明

解释说明是为宝宝传达正面信息、澄清负面影响的好方法。在和宝宝讨论的过程中，应尽量让他理解粗俗不雅的语言为何不被大家接受，脏话传递了什么意义。

正面引导

爸爸妈妈要细心引导宝宝，教他换个说法试试。彼此应定下规则，爸爸妈妈要随时提醒宝宝，告诉他要克制自己，不说脏话，做个有礼貌的乖宝宝。

➕ 家庭医生

❀ 嗓子红肿

有的妈妈发现宝宝在咳嗽的时候，嗓子是红肿的，担心宝宝是不是有了炎症，想用抗生素来消炎。其实，就算是有炎症，也不一定意味着就是细菌感染造成的，炎症的原因有很多，细菌感染只是其中的一个方面。

炎症的特点是红肿热痛，局部会发红、发肿、会疼。病毒刺激呼吸道会导致嗓子红肿，大哭之后，也可能会导致嗓子红肿，所以，要想消肿，就要找对原因，千万不要上来就使用抗生素。

❀ 遗尿的应对措施

症状表现

1. 宝宝在1岁或1岁半时，就能在夜间控制排尿了，尿床现象已大大减少。但有些孩子到了2岁甚至2岁半后，还只能在白天控制排尿，晚上仍常常尿床，这依然是一种正常现象。

2. 大多数宝宝3岁后夜间不再遗尿。遗尿是指3岁以上的宝宝在夜间睡眠中，小便不受控制地排出的一种状况。遗尿的宝宝轻者数天一次，严重的天天发生，甚至一夜数次。

3. 若宝宝因白天游戏过度、精神疲劳、睡前饮水过多等而偶然发生遗尿，则不属病态，妈妈不用担心。

饮食护理

1. 常给宝宝吃一些补肾的食物，如桂圆、白果、糯米、莲子等，可以改善宝宝的遗尿现象。

2. 宝宝晚餐可以食用干饭、稠粥、面糊等，减少饮水量。

按摩护理

每晚睡觉前，给宝宝按摩双耳5~10分钟，能起到补肾的作用，缓解遗尿的状况。

训练宝宝白天憋尿也可作为一种方法，每当出现尿意时主动控制暂不排尿，开始可推迟几分钟，逐渐延长时间。

宝宝智力加油站

单腿站立

方法 取一份报纸，让宝宝站在上面，让宝宝持续站立10秒钟以上，然后对折，让宝宝站立，持续这样的动作一直到宝宝只能够单腿站立，这个时候引导宝宝进行单腿站立。

专家指导建议

　　要观察宝宝的情绪是不是愿意游戏，在游戏的过程中要注意保护宝宝的安全。

目的 让宝宝在狭窄的空间进行单腿练习，增强宝宝身体的平衡能力。

大动作能力

给宝宝录音

方法 将手机或摄像机打开，开启录音或摄像状态，让宝宝开始唱歌。刚开始，妈妈也可以跟着一起唱，以制造愉快的氛围。让宝宝听听自己的声音，或看看自己的模样，宝宝会觉得很有趣，也能练习正确的发音。

 专家指导建议

将宝宝的歌声、画面录制下来，再一起听，这将会是很有趣的时光，也将在宝宝的成长过程中留下美好的记录。

目的 让宝宝在愉快的心情下做游戏，同时培养宝宝的语言能力。

语言能力

宝宝能力测评

1. 能双脚交替地上、下楼梯。　　　　　　　　　　　　是□　　否□

2. 手脚配合，上下灵活地翻过攀登架。　　　　　　　是□　　否□

3. 会折叠正方形为长方形，或对角折叠成三角形，且对角整齐。　是□　　否□

4. 能按要求的颜色形状间隔穿珠子，粘贴简单图画。　是□　　否□

5. 懂得音响的强弱，知道哪个声音大，哪个声音小。　是□　　否□

6. 能说较完整的句子，即有主谓语及宾语和补语，会用一些形容词。是□　　否□

7. 能复述家长多次重复讲的故事的简单内容。　　　　是□　　否□

8. 能用简单的句子表达自己的意思，出现不完整的复合句，

　　会用"和"或"但是"连接句子。　　　　　　　　是□　　否□

9. 自己会解开衣服的扣子和系简单的扣子。　　　　　是□　　否□

10. 做事情懂得按顺序，可排队等待，可玩集体游戏。　是□　　否□

评分结果

答是加1分，答否得0分。
9~10分，优秀；7~8分，良好；5~6分，
一般；5分以下，宝宝需要加强训练。

育儿疑问专家连线

Q 女宝3岁了，看书的时候总是动来动去，不是太投入，每次我让她讲，她都说不会讲，也不肯去尝试，我该怎么引导她？

A 讲故事或阅读时都要重视互动，即使你讲得精彩，要求宝宝被动地、静静地听，她顶多也只能坚持10分钟。想要让宝宝变被动为主动，家长在讲故事或阅读的时候，可以抓住一个情节，提个小问题，让宝宝参与，或者是在故事中的人物有个特别的动作、说句什么话时，让她模仿着表演，这样她就会更投入，而且还会有所思考。

Q 男宝马上3岁了，各方面发育得都很好，可就是不爱跟外人交流，跟他说话他理都不理；不太爱跟小朋友玩，请问正常吗？

A 建议家长们不要轻易怀疑宝宝"有病"。宝宝在家里面活动能力很强，说明宝宝没有任何问题。你说的问题可能是由于平时户外活动较少，所以宝宝在不熟悉的环境中就会出现"自我防卫"意识较强的情况，以至于不容易和别的小朋友一起玩。

Q 我家男孩，最近总是不爱吃饭，老想着玩，非得强制着他、吵着他才能吃，怎么办？

A 宝宝不爱吃饭一般有4种可能：

第一，过去没有宝宝喜欢的好好吃饭的环境；第二，饭不好吃；第三，吃太多零食；第四，有健康问题。

如果是第一种原因，那么家长就要为宝宝创造一个好好吃饭的环境，给宝宝准备自己的餐桌、餐具，鼓励宝宝和大人一起就餐。第二种情况，那就要求妈妈改变一下食物的烹饪方式，或者变个花样，或者用各种颜色食物相搭配以增进宝宝的食欲。第三种情况，就要相应减少宝宝吃零食的次数，少吃零食就可以了。一般宝宝不好好吃饭都是前三种原因导致的，但是也不排除健康因素，所以如果其他方式都没效果，家长可以带宝宝去医院做一下检查。

Q 我家男宝宝很爱玩新鲜的东西，我一般什么都让他玩，拉抽屉翻柜子，爬上爬下的，可老公总觉得不好又担心危险，该咋办？

A 建议家长要尊重宝宝爱玩的天性，如果过分限制宝宝的行为，只会扼杀宝宝求知的热情，会使他失去许多学习机会。"不行""不可以"这样的话，比任何东西更能毁坏宝宝的素质，很容易形成宝宝意识中的一部分，对宝宝产生长久的抑制作用。如果想禁止宝宝做什么事，最好的办法是把他引向其他的玩具或游戏。

Q 宝宝犯错误可以打屁股或者打手心吗？

A 不建议对宝宝采用体罚，否则容易让宝宝产生暴力倾向或者变得胆小、怯弱。当宝宝做得对，妈妈要高兴地抱抱他，以示鼓励；当宝宝不听话时，妈妈要很严肃地告诉他，妈妈不喜欢他这样。每次都这样引导，慢慢宝宝就会知道什么能做、什么不能做了。

Q 我们住在上海，没有暖气，冬天全靠空调取暖，这样空气湿度就降低了，宝宝在空调房里待着，很容易咳嗽，想买个加湿器，但是又担心辐射，那么怎样才能保证空调房里的湿度呢？

A 对于干燥的室内环境，除了可放一些湿布、挂些湿衣服、放一盆水等措施外，可以使用加湿器。建议加湿器不要摆放在床头，要离床有1米以上的距离。另外加湿器最好每周清洁一次，避免滋生细菌。

36 个月宝宝
能力图解

细动作

会照着样式或模仿画垂直线

能模仿别人做折纸的动作

粗动作

会手心朝下丢球或东西

不扶东西，能双脚同时离地跳

会问这是什么

能正确说出身体
六个部位的名称

语言沟通

说话半数让人听得懂

自我控制和
社会交往

会自己穿没有
鞋带的鞋子

会自己洗手并擦干

会主动告知想上厕所